U0213552

尼日尔水平井钻完井技术

《尼日尔水平井钻完井技术》编写组　编著

石油工业出版社

内容提要

本书重点阐述了尼日尔 Dibeilla N-1 断块水平井钻完井工程难点和采用的技术。首先简要介绍了尼日尔沙漠油田的概况,论述了 Dibeilla N-1 断块采用水平井开发的可行性与价值,概述了该区块的钻井情况,分析了钻井作业效果。之后分别从地质工程一体化、井眼轨迹控制、井身结构、钻井液、水平井测录井、固井技术、完井技术、废弃物处理、事故与复杂、钻井提速技术等方面详细介绍了所采用的钻完井工程技术细节和应用效果。本书是践行"一带一路"技术输出的典型成果总结。

本书可供油气井钻井工程技术及管理人员使用,也可供高等院校相关专业师生参考使用。

图书在版编目(CIP)数据

尼日尔水平井钻完井技术 /《尼日尔水平井钻完井技术》编写组编著 .—北京:石油工业出版社,2024.4

ISBN 978-7-5183-6408-4

Ⅰ.①尼… Ⅱ.①尼… Ⅲ.①沙漠 – 水平井完井 – 研究 – 尼日尔 Ⅳ.① TE257

中国国家版本馆 CIP 数据核字(2023)第 210710 号

出版发行:石油工业出版社

　　　　　(北京安定门外安华里 2 区 1 号　100011)

　　　　　网　　址:www.petropub.com

　　　　　编辑部:(010)64523757　　图书营销中心:(010)64523633

经　销:全国新华书店

印　刷:北京九州迅驰传媒文化有限公司

2024 年 4 月第 1 版　2024 年 4 月第 1 次印刷

787×1092 毫米　开本:1/16　印张:10

字数:256 千字

定价:100.00 元

《尼日尔水平井钻完井技术》

编 委 会

主　　任：周作坤

副 主 任：段德祥　沈吉阳　俞国忠　王岩峰　罗淮东　钱　锋　韩　飞

　　　　　徐丙贵　周海秋　李万军　孔祥吉　王　刚　周　拓

委　　员：（按姓氏笔画为序）

　　　　　马文杰　艾维平　李　杨　张春雷　陈冬梅　周泊奇　徐海英

　　　　　郭启军　郭凯杰　郭慧娟　唐　雷　董孟坤　程维恒

《尼日尔水平井钻完井技术 》

编 写 组

主　　编：王　刚　李万军　段德祥　徐丙贵　刘纪童　景　宁　钱　锋

副 主 编：闫　军　仲　昭　叶　禹　叶东庆　肖　月　刘玉含　李甘璐

　　　　　周　川　张国斌　刘晨超　艾维平　赵澎度

主要编写人员：（按姓氏笔画为序）

刁书农	于　钢	于　萌	于永亮	马文杰	马古纯	马汝涛
王　伟	王　军	王　洋	王文海	王立浩	王印泽	王兴海
王治中	王建利	王洪宇	王爱国	牛殿国	毛为民	方志猛
尹志勇	尹洪伟	巴合达尔·巴勒塔别克		石　秀	石军辉
卢　静	叶宇光	冯　剑	冯数玖	宁　坤	吉　飞	曲兆峰
乔　汉	刘　宇	刘　洋	刘伟丽	刘志同	刘珊珊	关　宁
江　文	孙　科	苏　涛	苏锦广	杜世亮	李　龙	李　成
李　杨	李　博	李少华	李星月	李晓雄	杨　平	杨　毅
杨学东	杨琳琳	杨斯媛	肖建秋	吴　萌	吴　晰	何　坤
沈吉阳	宋　磊	宋　璐	宋巨军	张　正	张　玮	张　亮
张华北	张军涛	张朋祥	张春雷	张彦龙	陈　沫	陈　浩
陈冬梅	陈朗毅	邵　强	罗　勇	金子辉	周　拓	周泊奇
周海秋	屈沅治	项　营	赵淑芬	胡　杰	胡志军	胡志坚
侯文杰	姜泉宇	姜福华	首云波	姚　洋	贾　涛	贾红超
顾亦新	晁代君	徐海英	高庆云	高海雷	郭永兵	郭凯杰
郭慧娟	唐　雷	唐习之	唐松涛	曹光伟	崔　雷	麻永超
梁国红	彭　程	董青峰	韩国庆	程　晋	路　程	詹　宁
解作圣	谭　力	熊洪钢	黎小刚	潘春孚	潘海滨	

前　言 /PREFACE

　　尼日尔项目是中国石油天然气集团有限公司（以下简称"中国石油"）海外勘探开发重点上产项目，Agadem 区块是尼日尔项目重要的生产区块，自 2008 年中国石油介入后，在勘探过程中（一期）已建成 100 万吨产能，二期开发动用 71 个断块，新建产能 450 万吨。Dibeilla N 断块为尼日尔项目 Agadem 区块典型的强边底水断块油藏，地质储量丰富，油层厚度大，具备开展水平井先导性试验的条件。断层构造复杂，已钻井数量少，基础资料获取有限，油藏精细评价及井眼轨迹精准控制难度大；断块上部砂泥岩胶结疏松，井壁易失稳，存在低速泥岩缩径及页岩垮塌风险；大斜度段岩屑床问题突出，憋压、卡钻等复杂事故多。

　　本书系统论述了中油国际尼日尔项目首批水平井生产性试验过程中形成的钻完井技术及应用实践，形成的水平井地质—工程一体化钻完井关键技术解决了水平井钻完井过程中的难点问题，有力支撑尼日尔项目首批 6 口水平井钻探成功实施，储层识别地层厚度 0.5m，控制精度 ±0.1°，优质储层钻遇率 92.2%，水平井平均机械钻速提高 20.3%，较常规直井 / 定向井提高 2.3 倍。一系列重大成果有力支撑了少井高产高效开发模式的创新，为后续该地区的产能建设提供了可借鉴的实践经验。

　　全书由中国石油尼日尔公司和中国石油集团工程技术研究院有限公司共同组织编写，共分为 12 章：第 1 章主要介绍尼日尔地质和油藏概况，由王刚、刘纪童等编写。第 2 章主要介绍钻井概况，包括水平井部署情况、指标分析、钻井难点等，由王刚、刘纪童、景宁、钱锋、闫军、张春雷、黎小刚、张军涛、韩国庆等编写；第 3 章主要介绍地质工程一体化，包括地质模型、"甜点"识别等，由李万军、叶东庆、肖月、刘宇、刘洋、石军辉、仲昭、叶禹、李甘璐、马文杰、李杨、王印泽、胡杰、杨学东、潘春孚、陈浩、张正、路程等编写；第 4 章主要介绍井眼轨迹控制，包括地应力分析、轨道优化设计、精准导向工具以及远程导向跟踪与支持决策平台等，由段德祥、刘玉含、刘晨超、沈吉阳、艾维平、金子辉、于钢、胡志军、方志猛、巴合达尔·巴勒塔别克、唐习之、石秀、李博、贾红超、毛为民、解作圣等编写；第 5 章主要介绍井身结构，包括地层岩性与压力特征等，由郭慧娟、吉飞、张玮、刘志同、马古纯、马汝涛、王洋、杨平、王军、杨毅、何坤、姚洋、关宁、于永亮、王建利、尹洪伟等编写；第6章主要介绍钻井液，包括井壁稳定机理、钻井液配方优化、处理剂及添加剂优选以及钻井液现场应用等，由屈沅治、赵淑芬、李龙、陈朗毅、周海秋、王文海、王治中、张华北、陈冬梅等编写；第7章主要介绍水平井测井、录井，由周川、张国斌、贾涛、胡志坚、王洪宇、徐海英、王爱国、程晋、郭凯杰、李星月等编写；第8章主要介绍固井，包括套管程序、固井难点、水泥浆体系优选与性能优化以及各开次固井方案等，由熊洪钢、李少华、詹宁、李成、冯数玖、吴萌、唐雷、侯文杰、刘珊珊、邵强、冯剑、潘海滨、乔汉等编写；第9章主要介绍完井技术，包括完井方式优选、调流控水工具、稳油控水管柱以及完井工具下入模拟等，由徐丙贵、高庆云、杨琳琳、宁坤、首云波、吴晰、苏锦广、刘伟丽、曲兆峰、周泊奇、肖建秋、程晋等编写；第10章主要介绍钻井废弃物处理技术，包括钻井废弃物特点及危害、处理要求、无害化处理技术以及尼日尔钻井废弃物无害化处理技术等，由周拓、赵澎度、顾亦新、董青峰、江文、王兴海、苏涛、卢静、杨斯媛、罗勇、梁国红等编写；第11章主要介绍事故与复杂预防及处理预案，包括防卡钻、处理卡钻、防出新眼、防止钻具事故、防定向仪器故障、井控预防、防 H_2S、防井漏、防落物以及下套管等，由唐松涛、宋巨军、姜福华、王伟、刁书农、孙科、叶宇光、彭程、张朋祥、牛殿国、杜世亮、张亮、高海雷、郭永兵、宋璐等编写；第12章主要介绍钻井提速技术，包括减磨降阻技术、钻井参数优化、丛式井钻机改造以及钻头评价与优选等，由于萌、李晓雄、姜泉宇、项营、麻永超、宋磊、曹光伟、陈沫、晁代君、谭力、崔雷、张彦龙、尹志勇等编写。

本书的编写和出版得到了中国石油尼日尔公司、中国石油集团长城钻探工程有限公司等单位领导和专家的大力支持与关注，在此表示由衷的感谢。

本书适用于从事尼日尔及非洲其他区域的油气钻井工程技术人员与管理人员使用，以及需要了解尼日尔水平井钻井作业情况的人员阅读。

鉴于编者水平有限，难免存在不足，敬请广大读者批评指正。

目　录 /CONTENTS

1 绪　论

1.1　背景

尼日尔境内的油气勘探始于 20 世纪 50 年代末期，主要集中在尼日尔盆地东部。1962—1964 年期间在 Talak 地区和 Djado 地区钻井 9 口，全部为干井。此后，Texaco、Esso、Elf、GlobalEnergy、HuntOil、Petronas 等国际著名油公司先后在尼日尔境内进行油气勘探，并于 20 世纪 80—90 年代在尼日尔东部的 Agadem 区块获得工业油气发现，但由于地处沙漠、距离目标市场远、国际原油价格较低而没有得到开发。截至 2008 年 6 月中国石油天然气集团有限公司（CNPC）介入 Agadem 区块前，前作业者在 Agadem 区块共发现 7 个油气田。

尼日尔加大对外油气合作力度的背景下，2008 年 CNPC 接手 Agadem 区块后，抓紧建设一期 100×10^4t 一体化项目，2011 年一体化项目一期产能建设工程全面竣工，尼日尔初步形成了一套较完整的石油工业体系，结束了成品油依赖进口的历史，并首次实现了成品油出口。由于尼日尔经济发展水平极低，国内市场极为有限，目前国内年消耗产品油不足 40×10^4t，津德尔市炼油厂设计原油加工能力为 100×10^4t/ 年，加工的成品油除满足国内消费市场外，还可出口尼日利亚、马里、布基纳法索等国家。同时通过多年勘探，在 2017 年 Agadem 区块全部勘探期结束后，先后在 Araga 地堑、Fana 低凸起及 Yogou 深层等有利构造区带取得重大勘探突破，实现了 Agadem 区块全面勘探，取得了较大储量发现，为二期出口项目奠定重要基础。

尼日尔二期产能建设将在主力开发区块 Dibeilla 断块上，Dibeilla N-1 断块采用水平井 + 直井开发的混合井网。其中上套砂体以水平井为主，辅以直井开发；下套砂体以直井为主，构造高部位采用水平井进行开发；直井兼顾 E5 底部和 Madama 顶部油砂体。

1.2　地质概况

1.2.1　区域构造背景

中非—西非裂谷系是世界上著名的中—新生代裂谷盆地群，发育了大量的含油气盆地，如西非裂谷系的 Termit 盆地、Benue 盆地，中非裂谷系的 Doba 盆地、Bongor 盆地、Muglad 盆地等，其中 Termit 盆地油气富集程度最高。区块已发现的 120 个含油构造全部分布在该盆地内，这些盆地形成于早白垩世冈瓦纳大陆裂解、南大西洋张裂的构造背景下，其形成过程均发生过被动裂谷作用（图 1.2.1）。西非裂谷系盆地构造演化可划分为 3 期 6 个阶段，即：前裂谷期泛非地壳拼合阶段及寒武纪—侏罗纪稳定克拉通阶段，中裂谷期早白垩世裂谷阶段、晚白垩世坳陷阶段及古近纪裂谷阶段，后裂谷期新近纪—第四纪坳陷阶段。其中早白垩世—古近纪的裂谷演化对盆地的形成具有决定性意义。

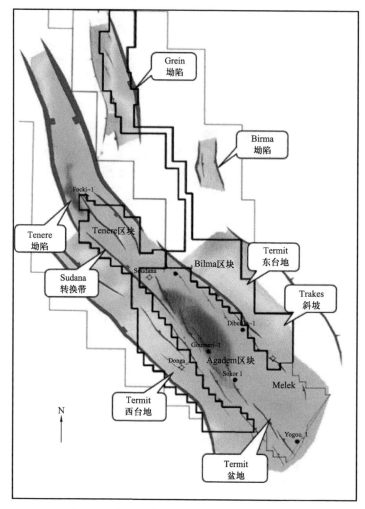

图 1.2.1　尼日尔主要西非裂谷盆地构造位置图

前寒武纪泛非地壳拼合运动形成了泛非古陆（冈瓦纳大陆的一部分），但同时拼合作用下也形成一些特定方向的脆弱带，成为后期中西非剪切带早白垩世裂谷的先存断裂。寒武纪—侏罗纪时期，中西非地区为自北向南超覆的陆相克拉通台地，局部地区在海西运动时期沿泛非古陆脆弱带发生热变质作用，形成一套浅变质碎屑岩基底。

早白垩世中、晚期（130—96Ma），中西非地区发生第一幕强烈的裂陷活动，非洲—阿拉伯板块内部伸展方向为 NE—SW 向，沿着 NW—SE 向的前泛非期变质带和泛非期造山带，一系列陆内裂谷盆地初始断陷在尼日尔、乍得、苏丹、肯尼亚等国家和地区再次活动。

NW—SE 向的边界断层快速沉降，这个时期，Termit 盆地发生第一幕较大规模的裂陷，形成了厚达 5000 多米的陆相沉积。

在晚白垩世（96—75Ma），东尼日尔盆地群（Termit 盆地）以坳陷热沉降为主，该时期为显生宙全球海平面最高的时期，发生大规模海侵，海水来自新特提斯洋和南大西洋。

在非洲板块内部存在一条海道，由南至北经贝努埃海槽、乍得（LakeChad 盆地）、尼日尔（Termit 盆地等）、阿尔及利亚、马里等，沉积了巨厚的海相地层，至晚三叠期，欧亚板块与非洲—阿拉伯板块发生初始碰撞，在板内形成近 NNW—SSE 向的挤压应力。乍得 Bongor 盆地、Salamat 盆地和 Doseo 盆地等 E—W 向及 NEE—SWW 轴向的盆地发生褶皱作用或构造反转，而尼日尔 Termit 盆地、苏丹 Muglad 盆地、Melut 盆地等一系列 NW—SE 向盆地则持续沉降，没有发生明显的构造反转，海平面下降始于晚白垩世末期至马斯特里赫特期，中西非盆地主要发育陆相沉积，在古近纪（74—30Ma），中非剪切带活动停止（乍得 Doba 盆地、Deseo 盆地断层活动基本止于晚白垩世）。与此同时，非洲—阿拉伯板块与欧亚板块开始碰撞，在非洲板块内部形成南北向挤压的构造环境，造成中—西非裂谷系大多数盆地发生反转（如 Muglad 盆地等），而北西向展布的盆地（如 Termit 盆地）发生第二次伸展裂陷活动，并一直延续到渐新世末，此次裂谷活动的主应力方向（近 E—W）与早白垩世裂谷期（NE—SE）存在一定角度不整合，晚期断裂叠加于早期断裂之上，使得盆地古近系构造更加破碎。

进入新近纪后，中非剪切带裂陷作用减弱，构造活动以垂直升降为主，中西非裂谷系以缓慢的热沉降为主要特征，盆地进入后裂谷的坳陷阶段，最终形成现今构造格局（图 1.2.2）。

1.2.2 地层发育特征

地震、钻井、测井和岩心分析化验等多项研究资料揭示和证实，尼日尔 Termit 盆地从老到新包含的地层有：前寒武系—前侏罗系基底、下白垩统、上白垩统、古近系、新近系和第四系（图 1.2.3）。

1.2.2.1 基底地层

基底地层为前寒武系—前侏罗系白色—绿灰色含黏土、硅质和钙质的变质粉砂岩。

1.2.2.2 白垩系

下白垩统以陆相沉积为主，主要岩性为含硅质高岭石以及部分石英质的纯净砂岩与粉砂岩及少量泥岩互层。

上白垩统自下而上沉积有 Donga 组、Yogou 组和 Madama 组，其中 Donga 组为海相沉积，向上 Yogou 组为海陆过渡相沉积，顶部 Madama 组为厚层陆相砂岩沉积，具体特征如下：

（1）Donga 组底部一般为硅质、高岭土质以及部分石英质的纯净砂岩和部分粉砂岩与少量泥岩互层，中上部以灰色—黑色泥岩、页岩为主。夹薄层白色—浅灰色粉砂岩、细砂岩，地层厚度一般为 1100～1500m，平均厚度为 1280m。

（2）Yogou 组中下部以泥页岩为主，为研究区内主要的烃源岩，上部砂岩发育，以细砂岩、中砂岩为主，夹薄层泥岩，地层厚度一般为 400～700m，平均厚度为 550m，是研究区的含油层系之一。

（3）Madama 组以厚层块状中—粗砂岩及砂砾岩为主，近底部夹暗色泥岩，地层厚度一般为 280～670m，平均厚度为 430m。

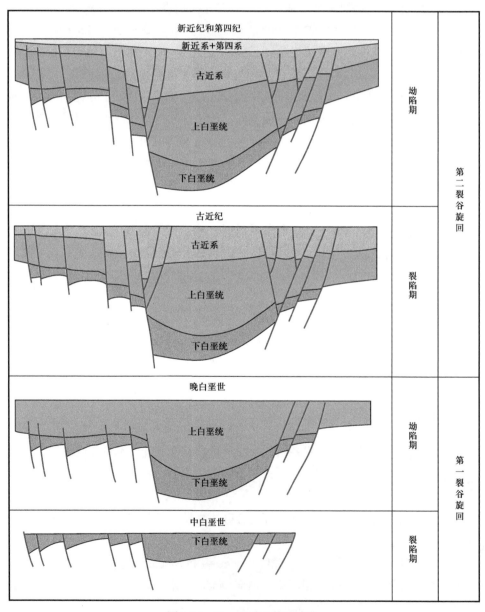

图 1.2.2 Termit 盆地构造演化

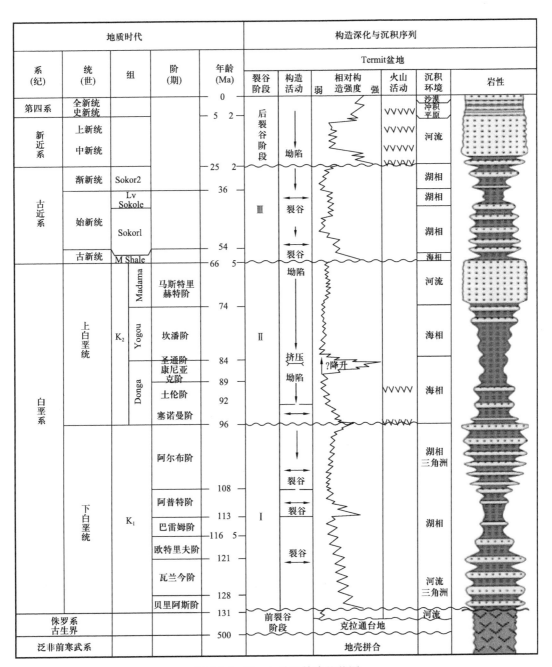

图 1.2.3　Termit 盆地综合柱状图

1.2.2.3　古近系

古近系 Sokor 组分为下段 Sokor1（S1）和上段 Sokor2（S2）共两段，各段特征如下：

（1）Sokor1 段：顶部为低速泥岩段，厚度为 50～150m，表现出低声波速度的特点。

中下部为砂泥岩互层地层，泥岩颜色以浅灰色、灰色、深灰色为主，砂岩以杂色中砂岩、细砂岩、粉砂岩为主，地层厚度一般为 300～1000m，平均厚度为 730m，该层系是盆地的主力含油层系。

（2）Sokor2段：为灰绿色、灰色、深灰色泥岩，夹薄层灰白色细砂岩、极细砂岩，地层厚度一般在60～830m之间，平均厚度为430m。

1.2.2.4 新近系

新近系属近现代河流相沉积，下部为砂泥岩互层，上部为块状砂岩夹薄层泥岩，地层厚度为440～1550m，平均厚度为900m。

1.3 油藏概况

1.3.1 构造特征

主体位于Termit盆地的Agadem区块主要发育古近系AlterSokor组（Sokor1）和白垩统Yogou组两套含油气层系，其中Sokor1为主力含油气层系。

研究区Sokor1段储层岩石类型为石英砂岩，其成分成熟度非常高，石英含量达到岩石组分的63%～92%，长石含量少，占岩石组分的2%左右。填隙物主要为黏土杂基，其含量占岩石组分在10%左右，其中黏土矿物的主要类型为高岭石，其含量占黏土矿物的80%左右，其次为绿泥石，其含量一般占黏土矿物的20%左右。填隙物中胶结物以硅质胶结和碳酸盐胶结为主，硅质胶结表现为石英加大，加大级别和含量都不高，加大级别一般为Ⅰ～Ⅱ级。碳酸盐胶结主要为方解石胶结物，一般零星分布。

储层岩石结构成熟度高，分选中等—好，以中—细粒结构为主。颗粒接触方式以点接触为主，胶结类型一般为孔隙式胶结，磨圆度次棱角—次圆状。孔隙类型以粒间孔、溶孔为主。粒度中值从E5—E1油层组，从0.648mm减小至0.131mm，沉积能量越来越小。白垩系Yogou组储层样品数量少，其岩石类型为石英砂岩，岩性相对较细，主要为细粒石英砂岩，其次为粉砂岩和粉砂质细砂岩，以次棱角到次圆状，颗粒接触关系为点—线接触，部分可见线接触—凹凸接触，胶结类型为孔隙式胶结。孔隙类型主要有原生孔和粒间溶孔。

1.3.2 Dibeilla断块油气藏概况

Dibeilla断块为典型断块油藏，呈南北长条状构造特征。实钻证明Dibeilla区块油气资源丰富，E5及Madama地层顶部均发现良好的油气显示。连井对比显示目的层E5总体储层较为发育（图1.3.1为沿Madama层拉平连井对比剖面），辫状河道叠置展布，砂体横向变化快；单砂体厚度差异大，最薄1m，最厚约25m，砂体主要在E5中下段发育。

结合砂体连井对比（图1.3.2为过井DibeillaN-1-4-3-6-5井反演高分辨率波阻抗剖面），在高分辨率反演岩性体上进行砂层解释，并提取小层砂体厚度，共计五个小层砂体厚度图以及平均孔隙度图。

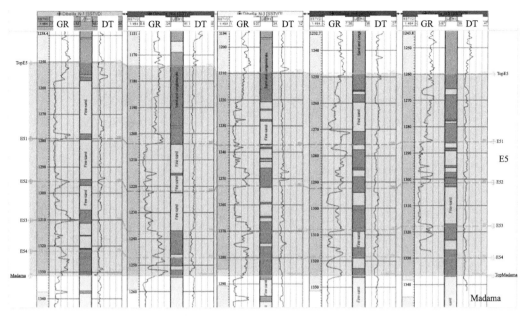

图 1.3.1　沿 Madama 层拉平连井对比剖面

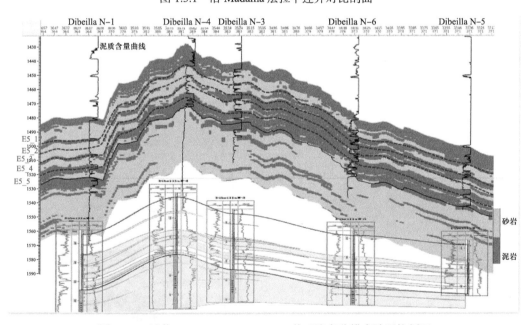

图 1.3.2　过井 DibeillaN-1-4-3-6-5 井反演高分辨率波阻抗剖面

1.3.2.1　E5_1 小层储层空间特征

E5_1 小层（E5_1 储层空间特征如图 1.3.3 所示）砂体厚度在 0～21m 之间，横向变化与井厚度变化一致；DibeillaN-1 处储层最厚，N-3 次之，N-5 最薄。砂体主要发育在中部和西北部两个区域。

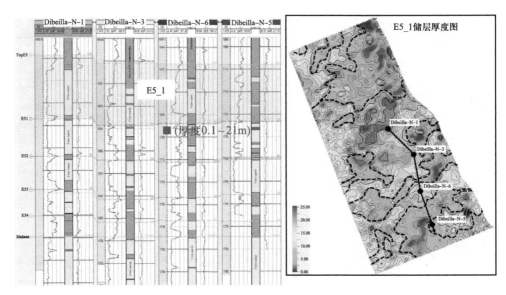

图 1.3.3　E5_1 储层空间特征

1.3.2.2　E5_2 小层储层空间特征

E5_2 小层（E5_2 储层空间特征如图 1.3.4 所示砂体厚度在 4～18m 之间，横向变化与井厚度变化一致，DibeillaN-1 处储层最厚，N-3 和 N-5 处次之，N-6 附近最薄。砂体主要发育在中部、西北部和东南部三个区域。

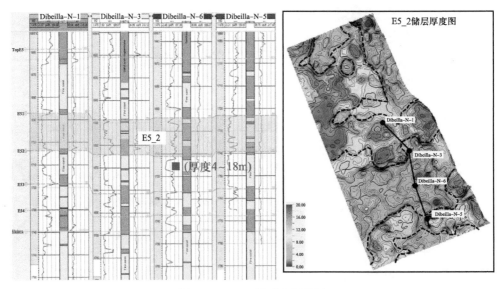

图 1.3.4　E5_2 储层空间特征

1.3.2.3　E5_3 小层储层空间特征

E5_3 小层（E5_3 储层空间特征如图 1.3.5 所示）砂体厚度在 5～16m 之间，横向变化与井厚度变化一致，DibeillaN-3 和 N-5 处储层最厚，N-1 处次之，N-6 附近最薄。砂体主要发育在中部、西北部和东南部三个区域。

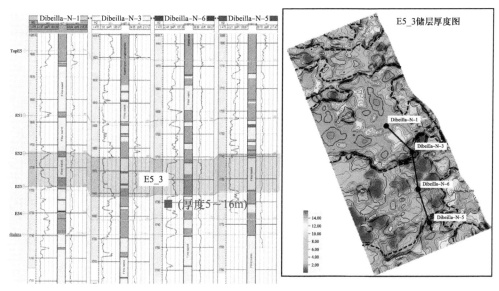

图 1.3.5　E5_3 储层空间特征

1.3.2.4　E5_4 小层储层空间特征

E5_4 小层（E5_4 储层空间特征如图 1.3.6 所示）砂体厚度约 1~8m 之间，横向变化与井厚度变化一致，DibeillaN-1 和 N-6 处储层最厚，N-5 处次之，N-3 附近最薄。砂体主要发育在中部和东南部，其他区域零星分布。

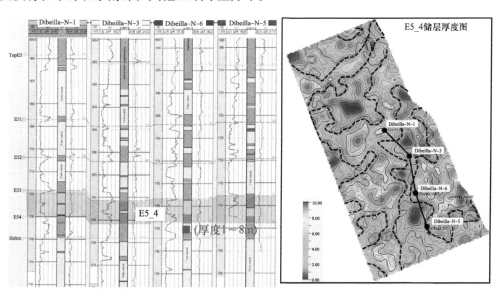

图 1.3.6　E5_4 储层空间特征

1.3.2.5　E5_5 小层储层空间特征

E5_5 小层（E5_5 储层空间特征如图 1.3.7 所示）砂体厚度厚度约 0.2～4.2m 之间，横向变化与井厚度变化一致，DibeillaN-6 处储层最厚，N-1 处次之，N-3 和 N-5 附近不发育砂体。砂体主要发育在中西部和东部，其他局部零星分布。

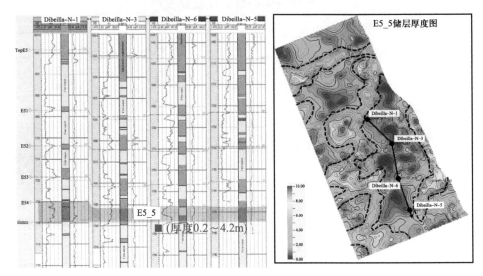

图 1.3.7　E5_5 储层空间特征

1.3.2.6　隔（夹）层特征

高分辨率反演结果能够很好地表征隔（夹）层的展布，进而为开发层系优化和生产调整提供依据。E5_1 与 E5_2 的隔夹层 [E5_1 与 E5_2 的隔（夹）层特征如图 1.3.8 所示] 厚度变化很快，反演结果也表明在中部隔层非常薄，北部和南部较厚。

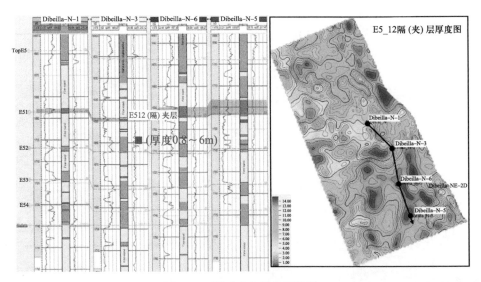

图 1.3.8　隔（夹）层空间特征

2 钻井概况

2.1 水平井部署情况

针对油层厚度大的 DibeillaN-1 断块开展水平井研究，DibeillaN-1 断块不同井型开发效果对比如图 2.1.1 所示，水平井开发效果好于直井。DibeillaN-1 断块不同井型开发指标预测见表 2.1.1，直井＋水平井的开采方式采出程度达 25.3%，好于单一采用直井的开采方式。DibeillaN-1 断块水平井水平段长度与产量增长率曲线如图 2.1.2 所示，水平段 400～500m 开发效果最好。

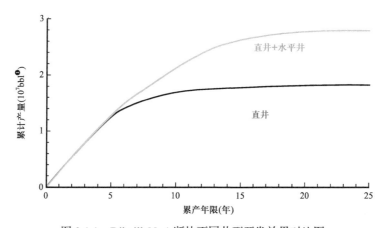

图 2.1.1　DibeillaN-1 断块不同井型开发效果对比图

表 2.1.1　DibeillaN-1 断块不同井型开发指标预测表

方式	开采方式	总井数（口）	直井（口）	水平井（口）	累计产油（10⁶bbl）	含水率（%）	采出程度（%）
Case1	直井＋水平井	12	4	8	31	88	25.3
Case2	直井	12	12		20.24	89.3	16.5

DibeillaN-1 断块为 Agadem 区块的首个水平井实施断块，通过多轮次优化调整，制定了先定向评价，后水平井优化的实施方案。

2020 年实施了定向井 DibeillaN-4 和 DibeillaN-6 井。DibeillaN-1 断块的储层、油藏关系呈现出较大的变化，表现出砂体横向变化快，目的层存在井震不符、油藏油水

---

❶　1bbl=0.137t。

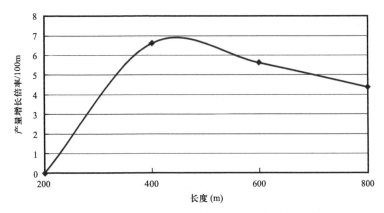

图 2.1.2　DibeillaN-1 断块水平井水平段长度与产量增长率曲线

界面倾斜不统一等难题。鉴于此情况，结合地震与地质、反演与建模等多种手段，多尺度开展储层精细刻画，明确了隔夹层分布及单砂体的展布特征，并最终将高部位的 DibeillaNH-1、DibeillaNH-2 合并为 1 口，DibeillaNH-11 井油层距油水界面较近，且上部主力油层整体变差，水平井实施具有一定风险，因此，DibeillaNH-11 井优化井型，改为沿断层实施的定向井 DibeillaN-7。至此 DibeillaN-1 断块井网优化为 5 口水平井（图 2.1.3）。DibeillaN-2 断块部署 1 口水平井。通过井网及井型优化，最终水平井总数优化为 6 口。

分砂体开展水平井靶点、轨迹优化。主要考虑水平井的钻井实施风险、主力含油砂层的动用及稳产接替，对靶点及水平井轨迹进行最终实施优化。DibeillaNH-6 井由钻探第一套砂体中上部调整为钻穿 1 号砂层、钻至 2 号砂层中下部；为充分动用 3 含砂体，DibeillaNH-1 井由钻探 1 号砂体调整为进入 3 号砂层后，轨迹由 3 号砂层中上部略微上倾进入 1 号砂层中下部；DibeillaNH-3 井由 1 号砂体调整为 1 号、2 号砂体实施。

水平井钻至着陆点前，选取 4 个地层标志点。标志层的选取主要是从邻井的测井及录井资料出发，选取具有可对比的区域特征进行对比，DibeillaN-1 断块标志层特征见表 2.1.2。选取了 2 个标志层 4 个标志点作为着陆前对比（图 2.1.4，图 2.1.5）。1 标志层在 E5 油层段之上 15～45m 处，为台阶状砂泥岩互层，从曲线上分析，GR 曲线呈齿化，可见尖刀状，为相对高值，R_t 曲线自上而下由大变小出现台阶，电阻值在 1～10Ω·m 之间，声波曲线自上而下出现台阶，数值在 90～120μs/m；2 标志层在 E5 油层顶部，为 E5 油层顶部砂岩段，从曲线上分析，GR 曲线呈微齿化中低幅度，R_t 为平直曲线，电阻值在 20～30Ω·m 之间，声波曲线平直，数值在 90μs/m 左右；通过两个标志层组合来保证井位实施过程中，能够卡准目的层，为水平井顺利实施奠定基础。

标志点 1（E5 顶）：电性伽马曲线形态为箱形特征，数值由 20API 左右升至 80API 以上，岩性由中、粗砂岩变为深灰色泥岩；标志点 2：电性伽马曲线形态尖峰状，深浅侧向曲线有升高趋势，岩性由深灰色泥岩变为砂岩（细砂和粉砂为主）；标志点 3：电性深浅侧向曲线形态成 "V" 状，岩性由砂岩（细砂和粉砂为主）变为深灰色泥岩；标志点 4：

电性深浅侧向曲线值由 $3\Omega\cdot m$ 升高至 $10\Omega\cdot m$ 左右，曲线特征明显，岩性由深灰色泥岩变为砂岩（细砂和粉砂为主）。

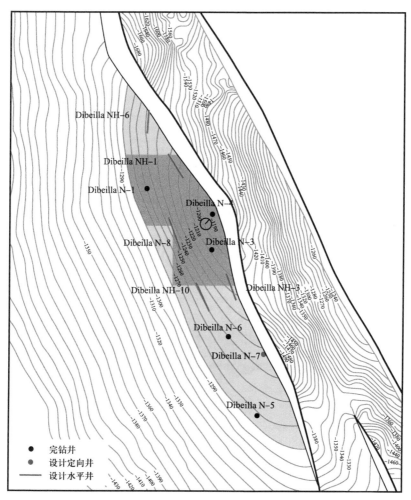

图 2.1.3　DibeillaN-1 断块水平井优化部署图

表 2.1.2　DibeillaN-1 断块标志层特征

序号	标志层	类型	位置	岩性	GR	R_t	其他曲线
1	台阶状砂泥岩互层	区域标志层	E5 油层段之上 15～45m	以泥为主，可见砂条	齿化曲线，可见尖刀状，相对高值	自上而下由大变小出现台阶，电阻率在 1～10$\Omega\cdot m$ 之间	声波曲线自上而下出现台阶，在 90～120μs/m 之间
2	E5 油层段顶部砂岩段	局部标志层	1 号砂体顶部	泥岩、粉砂岩	中低微齿化曲线，在 80～90API 之间	平直曲线，在 20～30$\Omega\cdot m$ 之间	平直声波曲线，在 90μs/m 左右

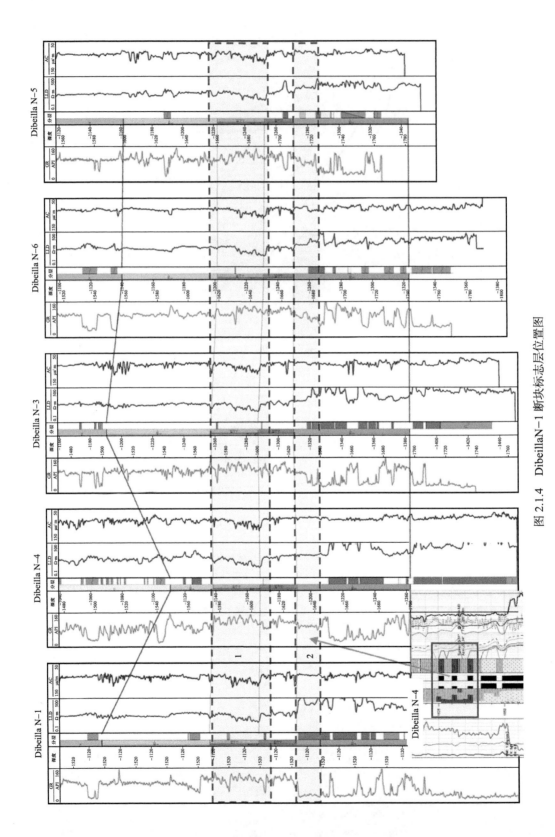

图 2.1.4　DibeillaN-1 断块标志层位置图

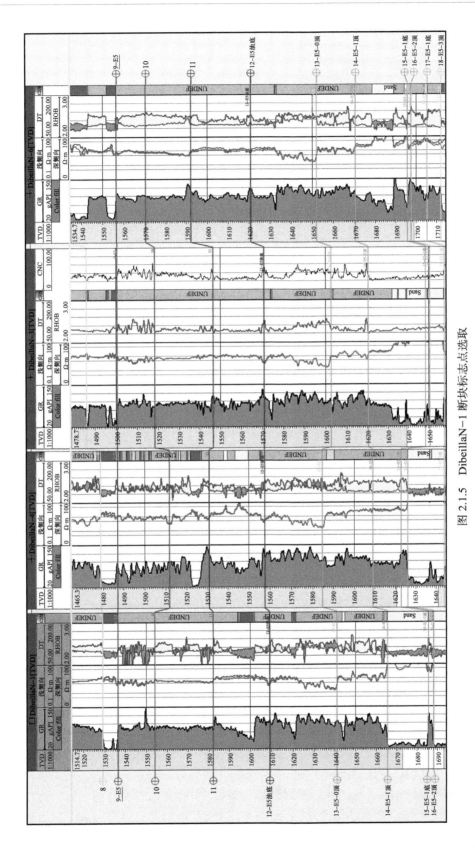

图 2.1.5　DibeillaN-1 断块标志点选取

2.2 指标分析

2.2.1 Dibeilla NH-1 井

Dibeilla NH-1 井设计井深 2456.7m，垂深 1653.21m，主要目的层是 Sokor Sandy Alternaces E5 层位。

该井二开设计造斜点 1060m，设计狗腿度第一段圆弧 3°/30m、第二段圆弧 3°/30m。实际施工时，造斜点为 1060m，至 1999m 中完（预计井底井斜 90.5°），水平段从 1999m 至 2395m。二开最大狗腿度为 5.62°/30m（1933.42m），三开最大狗腿度 2.9°/30m（2323.62m），水平段最大井斜 94.64°，水平段油层钻遇率 75.7%。该井二开于 2022 年 9 月 12 日 6：00 下入仪器，于 9 月 21 日 19：00 起出仪器，井深 1999m 中完，二开进尺 1447m，钻进时间共 102.09h，机械钻速 14.17m/h；三开于 2022 年 9 月 28 日 10：30 下入仪器，于 9 月 30 日 14：15 起出仪器，钻至井深 2395m 完钻，三开进尺 396m，钻进时间共 17.03h，三开机械钻速 23.25m/h。

2.2.2 Dibeilla NH-3 井

Dibeilla NH-3 井设计井深 2458.79m，垂深 1649.30m，主要目的层是 Sokor Sandy Alternaces E5 层位。

该井二开设计造斜点 950m，设计狗腿度第一段圆弧 3°/30m、第二段圆弧 3°/30m。实际施工时，造斜点为 950m，至 2017m 中完（预计井底井斜 86.5°），水平段从 2017m 至 2412m。二开最大狗腿度为 4.98°/30m（1992.00m），三开最大狗腿度 3.72°/30m（2065.47m），水平段最大井斜 93.10°，水平段油层钻遇率 78.1%。该井二开于 2022 年 10 月 8 日 4：30 下入仪器，于 10 月 16 日 1：00 起出仪器，井深 2017m 中完，二开进尺 1427m，钻进时间共 80.05h，机械钻速 17.83m/h；三开于 2022 年 10 月 28 日 17：00 下入仪器，于 10 月 31 日 22：00 起出仪器，钻至井深 2412m 完钻，三开进尺 395m，钻进时间共 29.45h，三开机械钻速 13.41m/h。

2.2.3 Dibeilla NH-6 井

Dibeilla NH-6 井设计井深 1934.27m，垂深 1738.61m，主要目的层是 Sokor Sandy Alternaces 层位。

该井设计最大井斜 40.07°，设计狗腿度 2.3°/30m。施工前，定向井专业团队对 Dibeilla 区块已施工的二开 241.3mm 井眼的实钻轨迹进行了统计分析，稳斜井段复合钻进方式基本为井斜先降后稳，方位微降。因此定向井专业团队在实际施工时对轨迹进行了优化，通过提前造斜，使造斜段的实钻井斜角始终大于设计井斜角 1°~2°。造斜结束时，实钻井斜基本与设计相应井深的井斜相同即可，实钻位移大于设计位移约 10m。通过待钻分析，在井斜角达到约 39°时可以进行复合钻进，并且给稳斜井段复合钻进降斜留有足够空间，使稳斜段的实钻轨迹分别穿过 A 靶的上靶框和 B 靶的下靶框，减少了稳斜段滑动钻进，降低了施工难度。实际施工时，造斜点为 741m，至 1268m 完成增斜段（39.06°），平均狗腿度 2.07°/30m，符合设计要求。稳斜段从 1268m 至 1850m，全井最大井斜角 39.68°（1440.88m），最大狗腿度为 2.68°/30m（1182.91m）。该井为双靶井，A 靶靶心距为 7.66m（20m 半径），B 靶靶心距为 10.4m（20m 半径），符合设计要求。该井 2022 年 3 月 2 日 3:00 下入仪器，于 3 月 5 日 17:40 钻至井深 1850m 完钻。定向工具入井总进尺 1204m，纯钻时间共 45.26h，机械钻速 26.6m/h。

2.2.4 Dibeilla NH-8 井

Dibeilla NH-8 井设计井深 2541.9m，垂深 1666.71m，主要目的层是 Sokor Sandy Alternaces E5 层位。

该井二开设计造斜点 900m，设计狗腿度 3°/30m。实际施工时，造斜点为 885m，至 2002m 中完（预计井底井斜 85.5°），水平段从 2002m 至 2581m。二开最大狗腿度为 5.84°/30m（1710.7m），三开最大狗腿度 3.99°/30m（2014.9m），水平段最大井斜 92.26°，水平段油层钻遇率 79.6%。该井二开于 2022 年 5 月 24 日 22:00 下入仪器，于 6 月 4 日 6:30 钻至井深 2002m 中完，二开进尺 1396m，钻进时间共 122.62h，机械钻速 11.38m/h；三开于 2022 年 6 月 12 日 23:00 下入仪器，于 6 月 16 日 3:30 钻至井深 2581m 完钻，三开进尺 579m，钻进时间共 35.4h，三开机械钻速 16.36m/h。

2.2.5 Dibeilla NH-9 井

Dibeilla NH-9 井设计井深 2140.85m，垂深 1682.63m，主要目的层是 Sokor Sandy Alternaces E5 层位。

该井二开设计造斜点 1160m，设计狗腿度第一段圆弧 3.5°/30m、第二段圆弧 4.5°/30m。实际施工时，造斜点为 1160m，至 1910m 中完（预计井底井斜 85.6°），水平段从 1910m 至 2210m。二开最大狗腿度为 5.92°/30m（1875.00m），三开最大狗腿度 5.43°/30m（2142.44m），水平段最大井斜 92.59°，水平段油层钻遇率 96%。该井二开于 2022 年 11 月 20 日 17:30 下入仪器，于 12 月 4 日 7:00 起出仪器，井深 1910m 中完，二开进尺 1350m，钻进时间共 98.3h，机械钻速 13.73m/h；三开于 2022 年 12 月 10 日 13:30 下入仪器，于 12 月 12 日 14:15 起出仪器，钻至井深 2210m 完钻，三开进尺 300m，钻进时间共 15.85h，三开机械钻速 18.93m/h。

2.2.6 Dibeilla NH-10 井

Dibeilla NH-10 井井设计井深 2346.69m，垂深 1683.28m，主要目的层是 Sokor Sandy Alternaces E5 层位。

该井二开设计造斜点 1250m，设计狗腿度第一段圆弧 4°/30m、第二段圆弧 4.5°/30m。实际施工时，造斜点为 1240m，至 1920m 中完（预计井底井斜 90°），水平段从 1920m 至 2346m。二开最大狗腿度为 5.92°/30m（1905.47m），三开最大狗腿度 3.66°/30m

（2047.20m），水平段最大井斜92.53°，水平段油层钻遇率79.6%。该井二开于2022年7月2日12：00下入仪器，于7月31日5：30起出仪器，井深1920m中完，二开进尺1338m，钻进时间共113.36h，机械钻速11.80m/h；三开于2022年8月6日16：30下入仪器，于8月9日8：30起出仪器，钻至井深2346m完钻，三开进尺426m，钻进时间共23.60h，三开机械钻速18.05m/h。

2.2.7 综合指标

Dibeilla NH-1 井、Dibeilla NH-3 井、Dibeilla NH-6、Dibeilla NH-8、Dibeilla NH-9 井、Dibeilla NH-10 井综合指标见表2.2.1，储层钻遇率与试油产量关系如图2.2.1所示，周期与井深关系如图2.2.2所示。平均完钻井深2364m，平均水平段长411m，平均机械钻速15.61m/h，平均钻井周期25.20天，平均储层钻遇率92.2%。

表 2.2.1　6 口水平井综合指标

井名	完钻井深（m）	水平段长度（m）	泥岩夹层长度（m）	油层段长（m）	ROP（m/h）	钻井周期（d）	建井周期（d）	储层钻遇率	试油产量（bbl/d）
Dibeilla NH-6	2238	372	30.7	341.3	13.35	31.35	38.67	100.0%	1200
Dibeilla NH-8	2581	579	169.6	409.4	14.46	25.1	46.67	79.6%	1080
Dibeilla NH-10	2346	426	45.6	380.4	14.79	21.79	38	89.3%	1248
Dibeilla NH-1	2395	396	96.3	299.7	16.95	21.54	26.63	91.5%	1040
Dibeilla NH-3	2412	395	86.6	308.4	17.98	26.21	39.37	92.8%	1073.95
Dibcilla NH-9	2210	300			16.13	25.23	39.63	100.0%	1174.37
平均值	2364	411	85.8	347.8	15.61	25.20	38.16	92.2%	1136.1

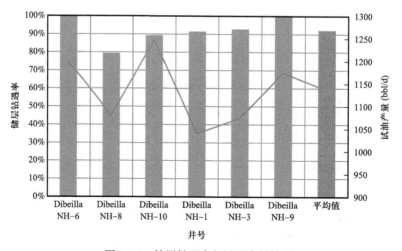

图 2.2.1　储层钻遇率与试油产量关系

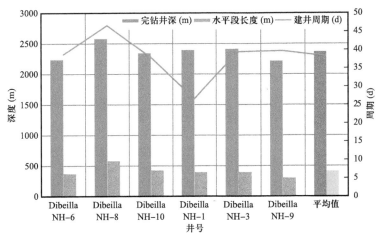

图 2.2.2 周期与井深关系

2.3 钻井难点

Dibeilla 区块水平井施工技术难点主要有：

（1）Recent 地层松散，砂、砾岩夹软泥岩，成岩性差，易漏失、垮塌、冲蚀松软，造斜率差，定向钻进时易造成大肚子井眼。

（2）Lowvelocityshale 层位岩性为巨厚灰色—棕色泥岩与黑色页岩间互层，夹薄层砂岩。泥岩较硬、脆，容易产生水化作用，吸水膨胀，且浸泡时间越长越明显，局部易剥落。页岩层理明显，易剥落，局部页岩碳质含量高，且分布均匀，表现出碳质页岩特征。页岩易受多种应力影响，继而破碎进入井筒，造成工程风险；低速泥岩缩径问题及 Lowvelocityshale、SokorSandy 井段的页岩垮塌问题，大井斜增加了页岩的垮塌风险，需要更高的钻井液密度提供力学支撑及强化钻井液的封堵能力。

（3）携岩悬岩问题：水平井井斜>40°以后，岩屑床问题会逐步突出，岩屑床在井斜 45°~65°最厚，也是最不稳定的井段，停泵时岩屑床会向井底下滑，使扭矩增大、摩阻升高，严重时将会引起卡钻、憋泵等复杂情况。Dibeilla 区块目前设计的 6 口水平井，最大的困难是二开（ϕ311.2mm 井眼）大斜度大井眼井眼清洁问题，是水平井井下安全的关键因素，事关水平井施工的成败。

（4）设计迹距离断层较近，实钻有钻遇断层造成轨迹出层甚至地层断失的风险。

（5）LWD 安全施工问题：因存在低速泥岩缩径、岩屑床划眼及页岩失稳等问题，划眼过程中因 LWD 外径几乎与钻头尺寸一致，存在较高的憋压、卡钻风险。

（6）邻井少，构造落实程度低，设计靶点深度可能存在偏差。

（7）目的层砂体在横向上存在厚度变薄，甚至尖灭的风险。目的层泥岩隔夹层发育，存在物性变化、含油性变化的风险。

（8）井控风险。井控风险见表 2.3.1。

表 2.3.1   Agadem 区块地层岩性及井控风险提示

地层名称	地层岩性	井控风险
Recent	大段砂岩夹少量泥岩，泥质较松散，胶结性差，含砾岩	防漏、防塌
SokorShale	—	—
LowVelocityshale	灰色，深灰色泥岩夹薄砂岩层	防塌
SokorSandyAlternaces	泥页岩	防漏
Madama	灰色、深灰色泥岩，细砂岩极细砂岩	防漏
Yogou	砂岩夹薄层泥岩	防气侵、防溢流
Donga	上部大块泥岩，下部砂泥岩互层	防气侵

3　地质工程一体化

采取油藏地质工程一体化水平井开发技术，实现稀井高产、少井高效的开发模式。

3.1　地质模型

3.1.1　区块构造特征

DibeillaN 整体呈东高西低的单斜构造，DibeillaN 区块 E5 顶部构造如图 3.1.1 所示，构造高点在 DibeillaN-4 井附近，构造倾角 6°左右。

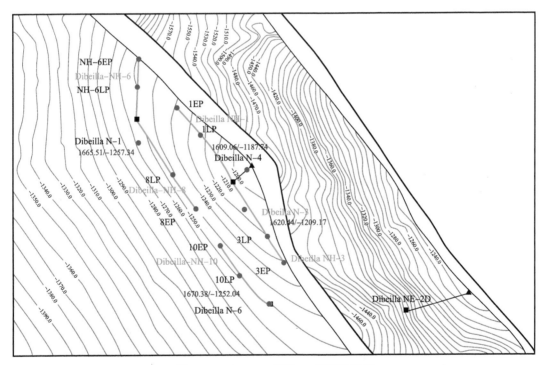

图 3.1.1　DibeillaN 区块 E5 顶部构造图

水平井轨迹设计方向整体为平行构造线方向，目的层地层倾角变化较小，一般在 1°~2°之间，有利于水平段轨迹的追踪和调整。过 DibeillaNH-6 井地震剖面如图 3.1.2 所示。

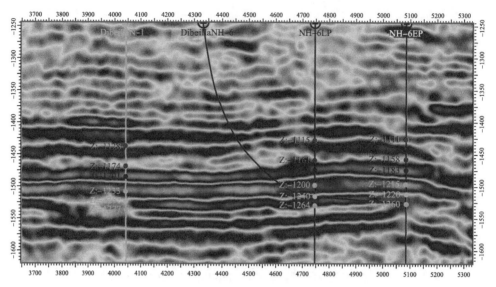

图 3.1.2　过 DibeillaNH-6 井地震剖面

3.1.2　多井对比分析

结合区块地质沉积、构造特征，进行多井地层对比（图 3.1.3），分析地层变化特征，利用区域标志层和对比层辅助着陆控制。

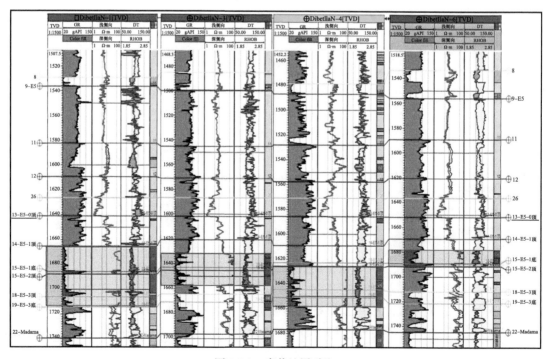

图 3.1.3　多井地层对比

3.1.3 地质导向建模

在前期构造研究、多井对比分析的基础之上，建立构造模型（图 3.1.4）和属性体模型（图 3.1.5）。

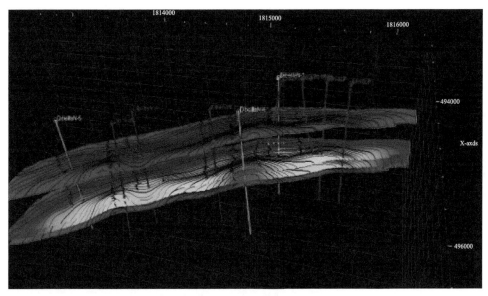

图 3.1.4 构造模型

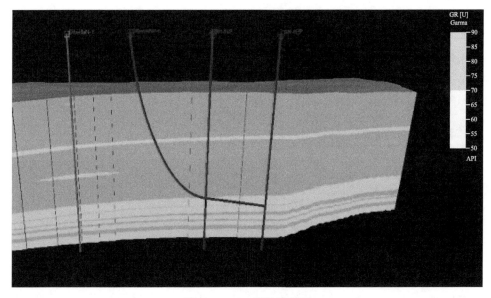

图 3.1.5 GR 属性体模型

通过三维地质导向建模（图 3.1.6），预测出靶点位于目的层的位置，保障水平井一次落靶。在建模的基础上对水平段施工进行风险分析，并制定预案。

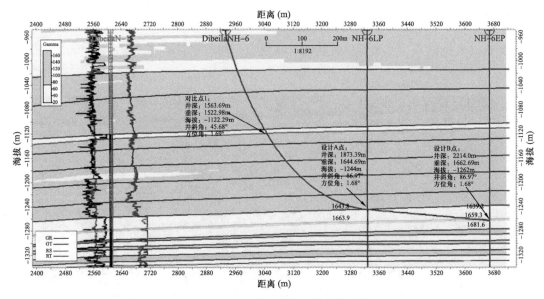

图 3.1.6　Dibeilla NH-6 井录井综合导向设计轨迹跟踪图

3.2 "甜点"识别

3.2.1 "甜点"地层岩性、电性特征

DibeillaN 断块属北东向物源，发育厚层河道砂体，主要目的层 E5 为辫状河三角洲前缘相。连井对比显示目的层 E5 总体储层较为发育，辫状河道叠置展布，砂体横向变化快，单砂体厚度最薄 1m，最厚约 20m。"甜点"地层岩性以细砂岩为主，夹薄层的深灰色、灰色泥岩，砂岩伽马值 30～65API 之间，平均电阻率在 100Ω·m 以上。

3.2.2 "甜点"区域综合分析

综合储层空间展布特征、储层厚度、储层孔隙度以及油水界面等要素，将储层厚度大、孔隙度高的区域作为储层"甜点"发育区。E5_1 储层厚度、砂岩平均孔隙度如图 3.2.1 所示。综合储层空间展布特征、储层厚度、储层孔隙度以及油水界面等要素，确定 E5_1 储层"甜点"发育区（图 3.2.2），面积 3.26km^2。

综合储层空间展布特征、储层厚度、储层孔隙度以及油水界面等要素，确定 E5_2 储层"甜点"发育区，面积 1.9km^2，确定 E5_3 储层"甜点"发育区面积 2.54km^2（图 3.2.3）。

综合储层空间展布特征、储层厚度、储层孔隙度以及油水界面等要素，预测了主要含油砂层的"甜点"发育区（图 3.2.4 为 E5_1、E5_2、E5_3 储层"甜点"预测叠合分布图）。

先导设计了 5 口水平井（Dibeilla NH-1、NH-3、NH-6、NH-8、NH-10），一口定向井（Dibeilla N-7）。从预测结果来看，所有井均落在预测"甜点"范围内，但不同井钻遇的具体"甜点"情况有所不同。

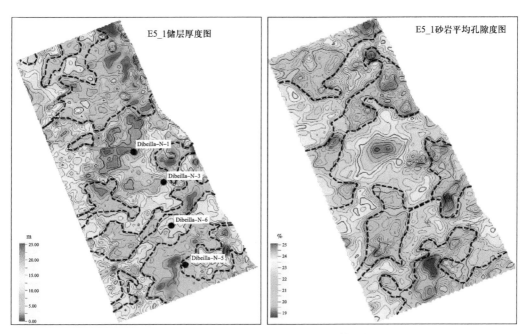

图 3.2.1 "甜点"综合分析（E5_1 储层）

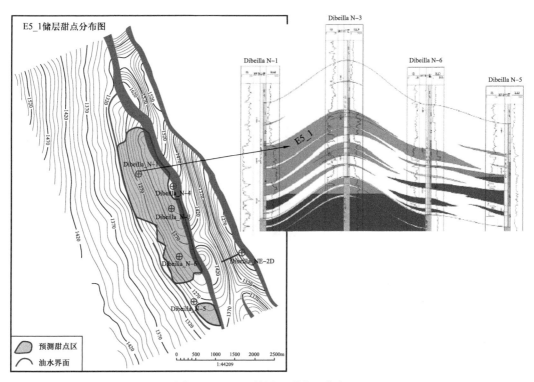

图 3.2.2 E5_1 储层"甜点"发育区

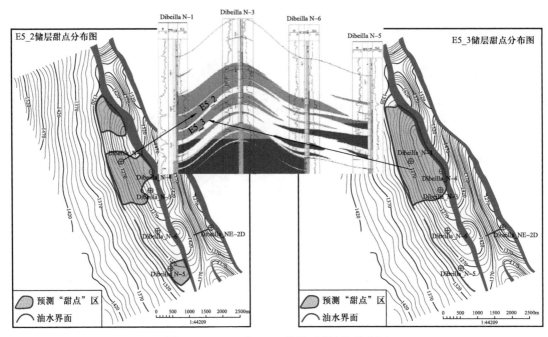

图 3.2.3　E5_2 和 E5_3 储层"甜点"发育区

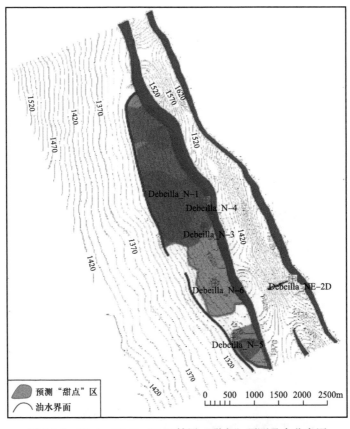

图 3.2.4　E5_1、E5_2、E5_3 储层"甜点"预测叠合分布图

从预测的主要含油层砂体厚度图看（图 3.2.5），NH-8 井位置最佳，其次是 NH-6 井和 NH-1 井，N-7 井、NH-3 井和 NH-10 井位置相对其他井储层在 E5_2、E5_3 较差。

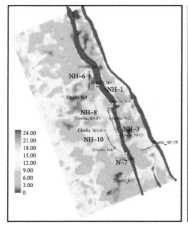 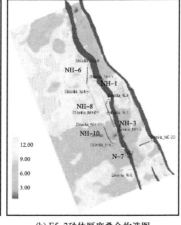 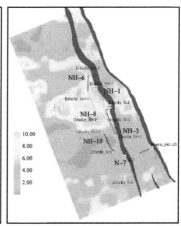

(a) E5_1砂体厚度叠合构造图　　　(b) E5_2砂体厚度叠合构造图　　　(c) E5_3砂体厚度叠合构造图

图 3.2.5　主要含油层砂体厚度图

3.2.3　靶点及平台位置优选

3.2.3.1　靶点位置优选

DibeillaN 区块为复杂断块油藏，且存在底水，油层主要分布在 E5 层，目的层内泥岩隔夹层发育，完井采用调流控水工艺，无论施工难度和施工工艺都比较复杂。针对以上问题，并考虑采油周期，靶点优先选择目的层的中、上部（水平井开发示意图如图 3.2.6 所示）。

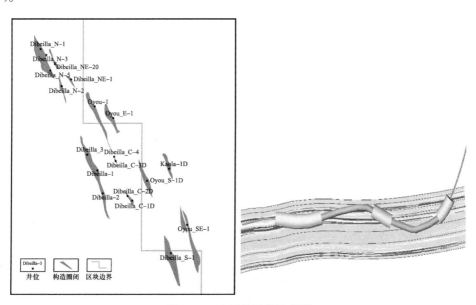

图 3.2.6　水平井开发示意图

（1）DibeillaNH-1 井靶点优化。

DibeillaNH-1 井水平段间平面距离约 64m，纵向高差 20 多米。减少水平段重叠长度以降低可能存在的井间干扰。先实施 DibeillaNH-1 井，兼顾评价第一套砂体发育情况。DibeillaNH-1 井平行断层部署，钻 2 套砂体油层。在油层中上部水平钻进。DibeillaNH-1 井轨迹如图 3.2.7 所示。

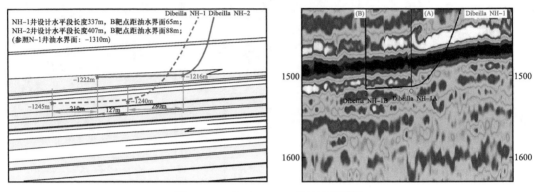

图 3.2.7   DibeillaNH-1 井轨迹示意图

DibeillaNH-1 井靶点数据见表 3.2.1。A 靶点比 N-1 井 32# 油层（2 套油层）顶高 52m，B 靶点比 N-1 井 32# 油层（2 套油层）顶高 45m。

表 3.2.1   DibeillaNH-1 井靶点数据

靶点	X	Y	TVD	KB
A	493990	1816510	1640	400
B	493820	1816800	1645	400

（2）Dibeilla NH-3 井靶点优化。

Dibeilla NH-3 井靶点深度参考 N-3 井，A 靶点在 1 号层厚砂体上部、B 靶点向略微上倾；兼顾可能的储层变化，水平段分段开采，提高油藏动用程度。DibeillaNH-3 井轨迹如图 3.2.8 所示。DibeillaNH-3 井靶点数据见表 3.2.2。

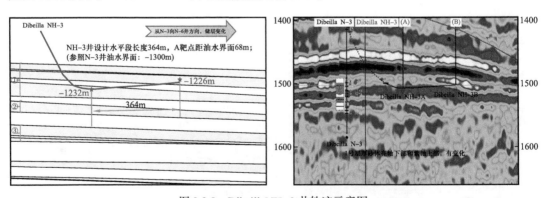

图 3.2.8   DibeillaNH-3 井轨迹示意图

表 3.2.2　DibeillaNH-3 井靶点数据

靶点	X	Y	TVD	KB
A	494572	1815145	1632	400
B	494700	1815030	1626	400

（3）Dibeilla NH-6 井靶点优化。

Dibeilla NH-6 井钻探第一套砂体中上部。水平段长 345m，沿轨迹向断层方向略微上倾。DibeillaNH-6 井轨迹如图 3.2.9 所示。

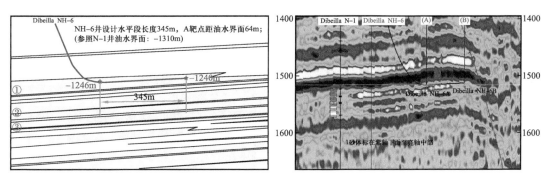

图 3.2.9　DibeillaNH-6 井轨迹示意图

DibeillaNH-6 井靶点数据见表 3.2.3。A 靶点第一套油层顶比 N-1 井高 20m。B 靶点第一套油层顶比 N-1 井高 24m。

表 3.2.3　DibeillaNH-6 井靶点数据

靶点	X	Y	TVD	KB
A	493525	1817060	1646	400
B	493545	1817400	1640	400

（4）Dibeilla NH-8 井靶点优化。

Dibeilla NH-8 井 A 靶点参考 N-1/N-4 井、B 靶点参考 N-3 井油层深度；第 2 套砂体中上部水平钻进。DibeillaNH-8 井轨迹如图 3.2.10 所示。

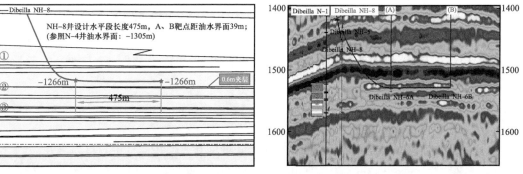

图 3.2.10　DibeillaNH-8 井轨迹示意图

Dibeilla NH-8 井靶点数据见表 3.2.4。A 靶点 2 砂顶比 N-1 井高 18m。B 靶点第 2 套砂体顶部比 N-1 井高 18m。

表 3.2.4   DibeillaNH-8 井靶点数据

靶点	X	Y	TVD	KB
A	493815	1815926	1666	400
B	493993	1815492	1666	400

（5）Dibeilla NH-10 井靶点优化。

Dibeilla NH-10 井 A 靶点参考 N-6 井、B 靶点参考 N-3 井油层深度；第 1 套砂体水平段随储层略向下倾，水平段沿中上部钻进。DibeillaNH-10 井轨迹如图 3.2.11 所示。

Dibeilla NH-10 井靶点数据见表 3.2.5。A 靶点第一套油层顶部比 N-6 井高 2m，B 靶点第一套油层顶与 N-6 井等高。

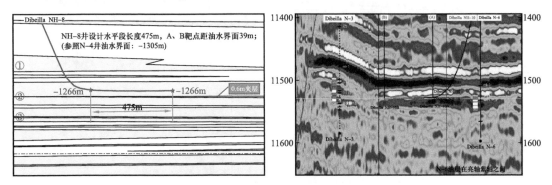

图 3.2.11   DibeillaNH-10 井轨迹示意图

表 3.2.5   DibeillaNH-10 井靶点数据

靶点	X	Y	TVD	KB
A	494355	1814640	1664	400
B	4941855	1815031	1668	400

（6）Dibeilla NH-9 井靶点优化。

Dibeilla NH-9 井位于 Dibeilla N-2 断块（图 3.2.12）。Dibeilla NH-9 井 A 靶点距离 N-2 井 560m；水平段构造位置比 Dibeilla N-2 高 15m，油层顶距油水界面之上约 31.5m；水平段长度约 220m，再向前地层下倾。DibeillaNH-9 井轨迹如图 3.2.13 所示。Dibeilla NH-9 井靶点数据见表 3.2.6。

3.2.3.2   平台位置优选

2010—2020 年 Dibeilla 断块共钻井 8 口，全部为单平台井，其中 6 口为直井，5 口为定向井，平均井深 2820.23m，平均建井周期 32.34 天。通过对 8 口井钻井时效和成本进行统计分析，如图 3.2.14 和图 3.2.15 所示，由于沙漠油田运输周期长，钻机及井场设备搬迁时间平均占比 39.08%，占比较高。钻井成本上，井场准备成本占比也达到了 31.15%，并且由于运输不便，物料成本也偏高。优选平台位置能够节省大量成本。

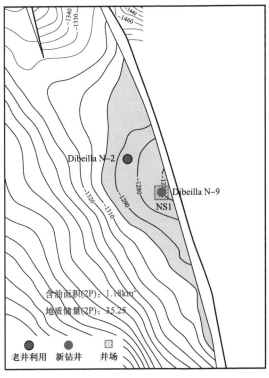

图 3.2.12　Dibeilla N-2 断块井位部署

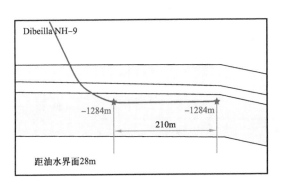
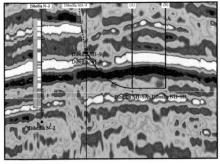

图 3.2.13　Dibeilla NH-9 井轨迹示意图

表 3.2.6　Dibeilla NH-9 井靶点数据

靶点	X	Y	TVD	KB
A	497173	1810630	1670.63	402.627
B	497299	1810420	1682.63	402.627

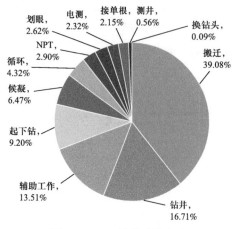

图 3.2.14　已钻井时效占比

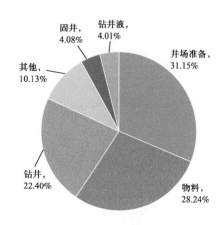

图 3.2.15　已钻井成本占比

Dibeilla 水平井平台优选原则为：先打高部位，再打低部位；低部位先打储层变化相对小的；最终优选平台位置及实施顺序见表 3.2.7。

表 3.2.7　Dibeilla 水平井优选平台位置及实施顺序

实施顺序	井号	平台	完钻层位
	Dibeilla N-4	NS2	Madama 顶
1	Dibeilla NH-1		E5 下套
2	Dibeilla NH-2		E5 上套
3	Dibeilla NH-3		E5 下套
4	Dibeilla NH-8	NS1	E5 上套
5	Dibeilla NH-6		E5 上套
	Dibeilla N-6	NS3	Madama 顶
6	Dibeilla NH-10		E5 上套
7	Dibeilla N-7		Madama 顶
8	Dibeilla NH-9	NS4	E5

注："实施顺序"一列中空格表示前期已实施水平井。

4 井眼轨迹控制

4.1 地应力分析

Dibeilla 断块钻遇砂泥岩互层井段长，存在地层胶结疏松、SS 地层易剥落掉块、LVS 地层泥岩易缩径，井壁失稳将导致钻井卡钻，电测、下套管遇阻遇卡等问题。根据已统计的 48 口二期定向井实钻数据（井斜约为 15°～45°），电测阻卡遇阻遇卡率高达 60%，实钻井径多数井不规则，存在"大肚子"井眼，部分区块 SS 层及 LVS 层缩径严重，已造成卡套管、侧钻等事故复杂，严重影响钻完井效率。Dibeilla 断块将首次在尼日尔项目实施水平井钻井作业，井斜的增加与水平段的延伸将增加水平井钻井作业过程中井壁失稳的可能性，因此开展 Dibeilla 断块岩石力学关键参数、地应力与压力剖面分析，厘清水平井方位与井壁稳定关系，为后续井眼轨道优化设计和轨迹控制技术研究打下坚实的基础。

长期以来，井壁稳定问题都是石油行业关注的焦点之一，对井眼轨道设计和井眼轨迹控制有着重要的影响。大量的研究成果表明，水平井相对于直井、常规定向井，由于井斜的增加，其井壁稳定问题更加突出。目前，针对井壁稳定性与井眼、方位关系的研究，已经取得许多重要的结论。水平井的井眼方位对其井壁稳定性有很大的影响，表 4.1.1 总结了井壁稳定性与井眼方位、井斜之间的关系，表格中的方位夹角指水平段方位与最大水平主应力方位的夹角。

表 4.1.1 水平段井壁稳定性与井眼方位的关系

地应力类型	地应力类型划分图	井斜一定时	方位角一定时
正常地应力类型（$S_v > S_H > S_h$）		方位夹角由 0°到 90°，井壁稳定性逐步变好	井斜由 0°到 90°，井壁稳定性逐步变差
走滑地应力类型（$S_H > S_v > S_h$）		方位夹角由 0°到 90°，井壁稳定性先变好再变差	井斜由 0°到 90°，井壁稳定性逐步变好
反转地应力类型（$S_H > S_h > S_v$）		方位夹角由 0°到 90°，井壁稳定性逐步变差	井斜由 0°到 90°，井壁稳定性逐步变差

由表 4.1.1 可知，为明确水平井井眼最稳定的方位，需要通过开展地质力学研究，确定工区三向地应力状态，再根据最大水平主应力的方位，判断水平井水平段最稳定方位。

地质力学研究的方法有很多，其中通过测井资料研究地层压力和地应力分布是最好的方法之一，而且几乎每口井都有从二开到井底的连续的测井曲线，资料易于获得，并且利用各井的测井资料可以得出单井垂向上和区域水平方向上地层压力变化的分布规律，为地质分析和钻井设计提供依据。

4.1.1　岩石力学关键参数计算

岩石力学关键参数包括弹性参数和强度参数两大部分，其中岩石力学弹性参数包括泊松比 μ_d 和杨氏模量 E_d，岩石力学强度参数主要包括内摩擦角 φ、黏聚力 C、单轴抗压强度 σ_c 和动态体积压缩模量 K_d 等参数。通常，这些参数均可通过声波测井、密度测井和自然伽马测井等测井曲线计算得到，是后续地应力计算、三压力计算与建模的数据基础。

4.1.1.1　岩石力学弹性参数计算模型

利用周边已钻邻井的测井资料可以计算得到岩石的动态弹性参数，但由于现场缺少开展岩石力学实验所需的岩心，无法计算岩石的静态弹性参数。但根据大量的学者研究，动、静态岩石力学参数的相关性在 0.85 以上[50]，因此，动态岩石力学参数仍具有一定的参考价值。弹性参数的计算一般需要利用声波时差测井数据计算得到岩石的纵横波速度，再利用纵横波速度进一步计算出岩石的弹性力学参数。岩石的纵横波速度计算公式如下。

$$\begin{cases} V_p = 1/\Delta t_p \\ V_s = 1/\Delta t_s \end{cases} \tag{4.1.1}$$

岩石力学弹性参数（泊松比和杨氏模量）计算公式如下。

$$\begin{cases} \mu_d = \dfrac{\left(\dfrac{V_p^2}{V_s^2}\right) - 2}{2\left[\left(\dfrac{V_p^2}{V_s^2}\right) - 1\right]} \\ E_d = 21 + \mu d \rho V_s^2 \end{cases} \tag{4.1.2}$$

式中：Δt_p、Δt_s 分别为声波时差测井所得到的纵横波的声波时差，$\mu s/f$；V_p、V_s 分别为纵横波速度，m/s。μ_d 为岩石的动态泊松比，无量纲；E_d 为岩石的动态杨氏模量，Pa；ρ 为岩石的密度，g/cm^3。

对于缺少横波时差的地区，可通过经验公式，用纵波速度估算横波速度。

$$V_s = \sqrt{11.44 V_p + 18.03} - 5.685 \tag{4.1.3}$$

4.1.1.2　岩石力学强度参数计算模型

岩石力学强度参数的计算，需要使用自然伽马测井曲线，通过相对值法计算得到岩石的泥质含量，再结合密度测井和先前弹性参数的计算结果，进一步计算得到岩石力学强度参数。首先，泥质含量的计算公式如式（4.1.4）所示。

$$\begin{cases} Sh1 = \dfrac{GR - GR_{min}}{GR_{max} - GR_{min}} \\ V_{sh} = \dfrac{2^{GCUR \cdot Sh1} - 1}{2^{GCUR} - 1} \end{cases} \tag{4.1.4}$$

式中：$Sh1$ 为泥质含量指数；GR、GR_{max}、GR_{min} 分别表示目的层、纯泥岩层、纯砂岩层的 GR 读数，GAPI；V_{sh} 表示泥质含量，%；GCUR 为希尔奇指数，与地质时代相关，第三系地层取 3.7，更老的地层取 2。

在得到岩石的泥质含量后，结合前文得到的杨氏模量计算结果，即可得到岩石的单轴抗压强度 σ_c 和抗拉强度 S_t。

$$\begin{cases} \sigma_c = 0.0045(1 - V_{sh}) + 0.008 V_{sh} E_d \\ S_t = \sigma_c / K_{tc} \quad (K_{tc} = 8 \sim 15) \end{cases} \tag{4.1.5}$$

岩石内摩擦角和黏聚力的计算，需要先计算岩石的动态体积压缩模量 K_d，其计算公式如式（4.6）所示。

$$K_d = \rho\left(V_p^2 - \frac{4}{3} V_s^2\right) \tag{4.1.6}$$

结合岩石动态体积压缩模量和单轴抗压强度的计算结果，可通过如下公式计算岩石的内摩擦角和黏聚力。

$$\begin{cases} C = 3.626 \times 10^{-6} \sigma_c K_d \\ \varphi = 39.545 - 0.459 C \end{cases} \tag{4.1.7}$$

4.1.2　地应力计算与模型建立

地应力主要是由于地球转动、板块运移、岩浆活动、地层温度不均、地下流体产生的压力梯度等诸多因素而引起的地层中的内应力。地应力的存在影响着油气勘探开发的全过程。对于 Dibeilla 断块这样的疏松砂泥岩地层，掌握地应力在工区的分布规律至关重要。通常，一般认为油田地层处于垂向地应力 S_v、最大水平地应力 S_H 和最小水平地应力 S_h 三轴地应力的作用下[51]。这里主要以近两年新钻的 N-4 和 N-6 两口井的测井资料进行地应力分析。

4.1.2.1 垂向地应力计算

垂向地应力一般采用密度测井曲线来计算，其公式如下。

$$S_v = \int_0^H \rho g \mathrm{d}h \tag{4.1.8}$$

式中：S_v 为垂向地应力，MPa；H 为垂直深度，m；g 为重力加速度，取 9.8m/s^2；ρ 为岩石的体积密度，为密度测井所得，上部未测量井段可通过插值法求得，g/cm^3。

4.1.2.2 水平地应力计算

计算水平地应力的方法有很多，例如黄氏经验关系式法、多孔弹性水平应变模型法、摩尔—库伦应力模型法等，通过文献调研，结合 Dibeilla 断块的实际情况，选择黄荣樽教授提出的黄氏经验关系式计算水平地应力，其公式如下。

$$\begin{cases} S_H = \dfrac{\mu_d}{1-\mu_d}(S_v - \alpha P_0) + \beta_H(S_v - \alpha P_p) + \alpha P_p \\[2mm] S_h = \dfrac{\mu_d}{1-\mu_d}(S_v - \alpha P_0) + \beta_h(S_v - \alpha P_p) + \alpha P_p \end{cases} \tag{4.1.9}$$

式中：S_H 为最大水平地应力，MPa；S_h 为最小水平地应力，MPa；β_H 为最大水平地应力方向上的构造应力系数，MPa；β_h 为最小水平地应力方向上的构造应力系数，MPa；P_p 为地层孔隙压力，MPa；α 为有效应力系数（即 Biot 系数）。

其中，有效应力系数和构造应力系数的求解如下。

（1）有效应力系数。

目前确定有效应力系数还是以经验系数为主，根据大量前人的研究成果表明，有效应力系数与孔隙度有较大的相关性，其计算模型如下。

$$\alpha = 1 - \left(1 - \frac{\Phi}{\Phi_c}\right) \tag{4.1.10}$$

式中：Φ 为岩石孔隙度，%；Φ_c 为临界孔隙度，%；n 为刚度系数。

不同岩石类的临界孔隙度不同，Nur 在其文章中给出了常见岩石的临界孔隙度。对于砂岩，其临界孔隙度约为 0.4。

岩石孔隙度可通过密度测井或声波时差测井得到，其中，密度测井求孔隙度对井眼的规则程度要求较高，适用于低孔低渗的地层，声波时差测井求孔隙度适用于 Dibeilla 断块这样的中高孔高渗油藏，其计算公式如下。

$$\Phi = \frac{\Delta t - \Delta t_{ma}}{\Delta t_f - \Delta t_{ma}} \tag{4.1.11}$$

式中：Δt 为地层的声波时差，μs/m；Δt_{ma} 为基岩的声波时差，μs/m；Δt_f 为岩石骨架的声波

时差，μs/m。

（2）构造应力系数。

构造应力系数是评价一个地区地层所受构造应力大小的重要参数。在同一区块内，该系数可视为常数，不随井深和位置的变化而变化。所以可以通过地层破裂压力试验确定单点的地应力大小，再将计算得到的地应力值带入黄氏地应力计算模型［式（4.1.9）］中即可反算得到构造应力系数。

通过一个完整的漏失实验，我们可以得到如图 4.1.1 所示的地破压力试验曲线。

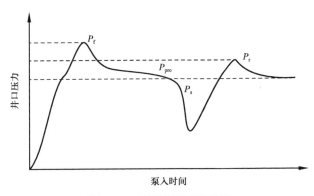

图 4.1.1　地层破裂试验曲线

图 4.1.1 中，当压力升至最高点 P_t 时，井下液柱产生的压力超过了地层抗拉强度，发生井漏，造成井内压力突然下降；当压力降至 P_{pro} 时，压力区域平缓，此时压力为裂缝向远处扩展所需要的压力；当压力延伸到一定程度时（6 倍于井径以外的区域），短暂停泵，记录下停泵时的压力 P_s，由于此时裂缝仍然处于开启状态，P_s 与最小水平地应力 S_h 相平衡，随后在地应力的作用下，裂缝趋向于闭合；短暂停泵后重新开泵向井内施加压力，使闭合的裂缝再次打开，液柱再次使裂缝打开的压力 P_r 与前一次使地层破裂的压力 P_f 相比，缺少了克服岩石抗拉强度所需要的力，因此可以认为岩石的抗拉强度 S_t 为 P_f 和 P_r 的差值。再结合不发生渗透时的黄荣樽破裂压力的计算公式即可得到最大水平地应力。

$$\begin{cases} S_t = P_f - P_r \\ S_h = P_s \\ S_H = 3S_h - P_f - \alpha P_p + S_t \end{cases} \quad （4.1.12）$$

通过地层破裂压力试验只能得到该井在该深度的最大和最小水平地应力，无法从上到下获得一个较为完整的地应力数据，但由于一个地区的构造应力系数是不变的，因此可以通过该法计算得到单点的地应力数据，再带回式（4.1.9），反算得到最大、最小水平地应力方向上的构造应力系数，继而再通过式（4.1.9）获得一个自上而下的连续的地应力数据。

4.1.3　地应力方位确定

测井方法确定地应力方位一般是依据井径测井或成像测井资料来确定，但由于

Diebilla 断块尚未做过此类测井，无法直接通过测井资料求取该断块精确的地应力方位。但通过文献调研，张庆莲等在 2013 年依据 Dibeilla 断块所在的 Termit 盆地的构造特征，通过有限元模拟方法对该盆地做了详细的地应力分析。模拟结果表明，在古近系，其最大水平主应力方向为东偏北 15°—西偏南 15°左右，如图 4.1.2 所示。自上而下沿逆时针方向偏转，在早白垩系，盆地最大水平主应力方向为东偏北 45°—西偏南 45°左右，如图 4.1.3 所示。依据尼日尔油田的整体地层分布（图 4.1.4）和 Dibeilla 断块已钻井的地层分布（图 4.1.5），主力油层位于古近系底部，因此最大水平主应力方位确定为东偏北 15°—西偏南 15°左右。

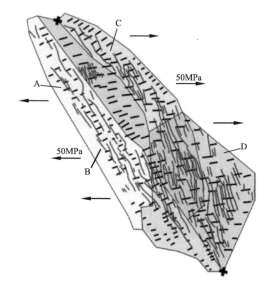

图 4.1.2　古近系最大水平主应力分布 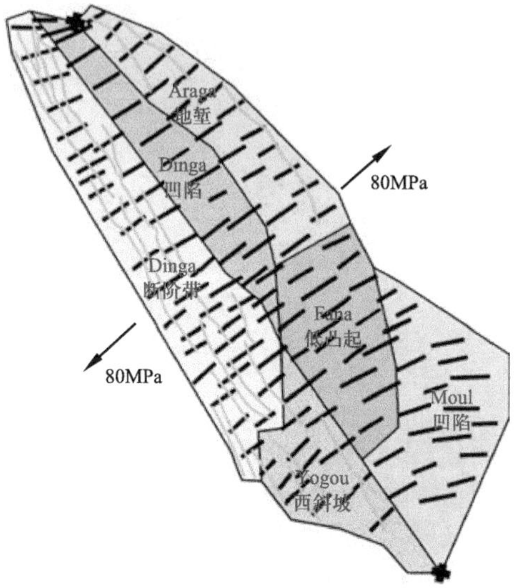　　　　图 4.1.3　早白垩系最大水平主应力分布

地质年代			
系 (纪)	统 (世)	组	阶 (期)
第四系			
新近系	上新统 中新统	R	
古近系	渐新统	SS	
	始新统	LVS	
		SSA	
	古新统	M.S	
白垩系	上统	M	

图 4.1.4　尼日尔油田整体地层分布

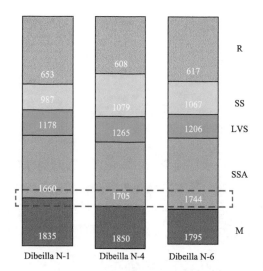

图 4.1.5　Dibeilla 断块已钻井地层分布

4.2　轨道优化设计

针对水平井导向任务，首先组织设计分析和资料收集。对区域地质有充分认识后进行地层精细对比，建立地质模型，优化地质模型和轨迹。在现场施工过程中，现场导向＋远程技术中心专家实时监控，依据随钻数据指导轨迹钻进，保障储层钻遇率的情况下，确保工程顺利施工。

4.2.1　钻前建模与优化轨迹预案

4.2.1.1　资料收集

确定设计靶点坐标、靶点深度、实钻井补心海拔等信息，见表4.2.1。

表4.2.1　靶点坐标、靶点深度、实钻井补心海拔信息

储层	坐标	井口	着陆点	靶点
E5	X	494298.695mE	493990mE	493820mE
	Y	1815846.739mN	1816510mN	1816800mN
井深（m）	Z SSTVD		−1240	1245

4.2.1.2　地层精细对比

根据测井、录井等邻井资料进行地层精细对比，将邻井的标志层和对应目的层的小层详细划分出来，确定目的层有效厚度，认识地层构造变化，指导正确建立导向模型。

通过对比DibeillaNH-1井附近实钻井发现，DibeillaN-4井靠近断层，受断层影响，E5之前地层厚度变化较大，但是进入E5后地层对比性较好，如图4.2.1所示。

4.2.1.3　目的层分析

设计层位相当于DibeillaN-1井1665.3～1714.5m（垂深1665.2～1714.4m，49.2m）；相当于DibeillaN-3井1632.1～1677.4m（垂深1632.0～1677.3m，45.3m）。相当于DibeillaN-4井1651.4～1686.4m（垂深1625.9～1658.7m，32.8m）。目的层整体较厚，需要根据实钻确认具体目的层位置。

该层主要以厚层粗砂岩为主，夹薄层泥岩。砂岩：成分以石英为主，长石次之，暗色矿物少量，次圆—次棱角状，粗砂岩为主，少量中砂，分选中等，局部含砾，砾径1～2mm，呈次棱角状，泥质胶结，较疏松。泥岩：泥岩多为灰、深灰色，成岩性较好，吸水性，可塑性中等。局部见页岩和炭质页岩条带，偶见黄铁矿。

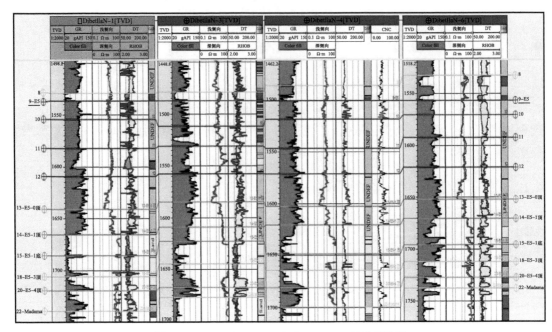

图 4.2.1　DibeillaN-1-DibeillaNE-2D 多井对比图

电性：砂岩电阻率平均值为 $100\Omega\cdot m$ 左右，伽马平均值为 30API 左右。Dibeilla N-1、Dibeilla N-3、Dibeilla N-4 测井曲线图如图 4.2.2 所示。

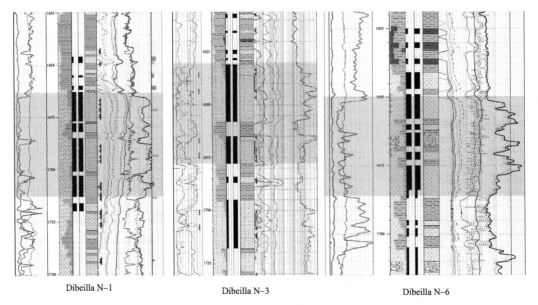

图 4.2.2　三口井测井曲线

4.2.1.4　标志层选取

以 DibeillaNH-1 井为参考井，标志点选取见表 4.2.2，DibeillaNH-1 井综合图如图 4.2.3 所示。

表 4.2.2 DibeillaNH-1 井为标志点选取

标志点	井深（m）	垂深（m）	标志点到目的层的距离（m）
标志点 1	1495.0	1494.9	确定目的层具体深度后补充
标志点 2	1536.5	1536.4	确定目的层具体深度后补充
标志点 3	1602.2	1602.1	确定目的层具体深度后补充
标志点 4	1665.3	1665.2	确定目的层具体深度后补充
目的层顶	根据实际钻井情况定	根据实际钻井情况定	
目的层底	根据实际钻井情况定	根据实际钻井情况定	

标志点 1：泥岩底，伽马值异常高（与上部 1470m 处伽马异常高互相参考，判断层位）；

标志点 2：砂岩底，距标志点 1 垂深约 40m，发育一套约 7m 厚砂岩；

标志点 3：砂岩底，伽马值明显升高；

标志点 4：E5 第一套油层，高电阻低伽马。

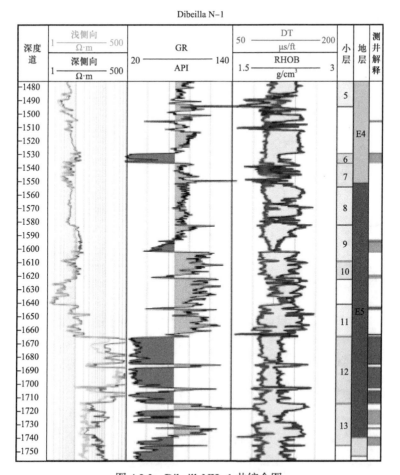

图 4.2.3　DibeillaNH-1 井综合图

4.2.1.5 井震结合生成设计轨迹跟踪图

通过地震资料（过 DibeillaNH-1 井地震剖面如图 4.2.4 所示）发现，目标区域 E5 地层较稳定，但上部地层厚度变化较大，给着陆造成较大风险。取得目标区域 sgy 数据体后，对目标区域地质构造做进一步分析，并分段拾取着陆和水平段地层倾角，指导水平井施工。Dibeilla NH-1 井录井综合导向设计轨迹跟踪图如图 4.2.5 所示。

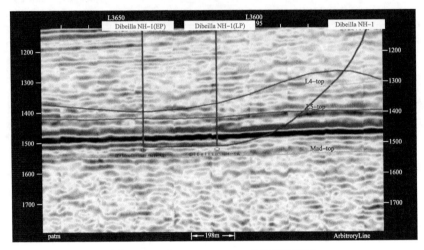

图 4.2.4　过 DibeillaNH-1 井地震剖面图

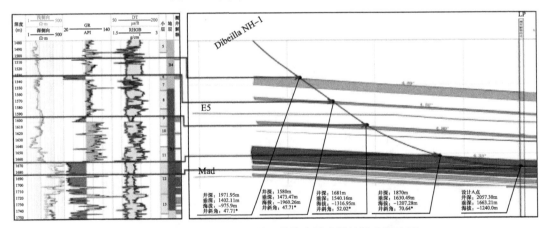

图 4.2.5　Dibeilla NH-1 井录井综合导向设计轨迹跟踪图

4.2.1.6 设计轨迹优化

根据地质导向建模情况，优化设计轨迹。轨迹优化原则如下：

（1）依据地层特点，造斜段尽量避开不稳定地层，不易造斜地层。

（2）尽量降低狗腿度，保证井眼轨迹圆滑，降低后期施工难度。

（3）优化轨迹尽量加大与各邻井间的距离，降低防碰风险。

（4）选取合适的着陆点以及着陆点井斜，为后期水平段施工打下基础。

4.2.2 着陆施工预案

以 DibeillaNH-1 和 DibeillaNH-4 井为主要参考井，造斜段（A 靶点以上）找多个对比点，分别进行目的层垂深和井斜预测，结合气测、岩屑、随钻测井等特征辅助参数逐层对比，利用邻井地层厚度和实测地层倾角，及时调整本井落靶深度。

利用小层对比法和电性垂直对比法，合理预测目的层海拔。具体措施为实钻过程中钻至对应标志点时，依据相应录井和随钻电性和邻井逐层对比：

（1）当标志点提前时，及时增斜，并根据计算的地层倾角设计落靶角度，避免落靶时钻穿目的层。

（2）当标志点滞后时，按预计标志点井斜稳斜探层，钻遇相应层位后增斜钻进，并根据计算的地层倾角设计落靶角度，避免落靶失败。

（3）钻至对应点时，和预测基本一致，可继续按设计执行。

正确选取角度入靶，以平稳在目的层中着陆为主要目的，保障着陆姿态，为轨迹在目的层穿行做准备。

4.2.3 水平段施工方案

以地质目标为主要目的，以工程技术为主要支持手段，保证井眼轨迹平滑，确保轨迹在目的层内穿行。

（1）地震跟踪导向。

利用地震资料分段提取地层倾角，来进行水平段总体轨迹控制，追层钻进。

（2）随钻参数跟踪导向。

利用随钻测井曲线的特征值、特征形态及录井岩性等变化特征，结合地震、地质成果认识，准确识别钻头所处地层位置、实时计算地层倾角，动态优化调整钻进方案：

①利用油层厚度、着陆井斜角与地层倾角判断。

②利用目的层上下围岩特征进行判断。

③利用砂岩沉积韵律特征进行判断。

④利用气测显示的变化进行判断。

⑤利用 LWD 曲线的包络线形态进行判断。

（3）协同施工，有机结合。

轨迹调整指令及时与各施工单位有机结合，在实现井眼轨迹平滑，确保井下安全的情况下，提高储层钻遇率。

4.3 精准导向工具

CGDSNB 系列近钻头地质导向钻井系统是我国具有独立知识产权的钻井装备，由中国石油集团工程技术研究院有限公司、北京石油机械厂和中国石油集团测井有限公司测井仪器厂共同研发完成。地质导向钻井技术是国际钻井界公认的 21 世纪钻井高新技术，集钻井技术、测井技术及油藏工程技术为一体，用近钻头地质、工程参数测量和随钻控制手段来保证实际井眼穿过储层并取得最佳位置,根据随钻监测到的地层特性信息实时调整和控制井眼轨道,使钻头闻着"油味"走,具有随钻识别油气层、导向功能强等特点。

4.3.1 CGDS 近钻头地质导向钻井系统的优势

CGDS 近钻头地质导向钻井系统相对于传统随钻测井(LWD)仪器有以下优势:

(1)测量盲区短,实现了真正的近钻头地质导向。

常规 LWD 仪器是在井下动力钻具之后才能够接电阻率测量短节,从结构上决定了常规 LWD 仪器有着较大的测量盲区,对地质参数测量、地层识别、寻找储层、轨迹预测和计算等工作都十分不利,在钻井提速的大环境下,未能真正起到地质导向作用,只对已钻地层岩性起到验证作用,在实钻过程中,如果出现油层薄、工具造斜率发生突变、地层构造发生变化等现象,极有可能导致无法找到油层,或者钻出油层后需要长时间才能调整回来。因此,常规 LWD 并不十分适应于薄油层水平井施工。

CGDS 近钻头地质导向钻井系统近钻头测量参数具有钻头电阻率、方位电阻率、方位自然伽马三条地质曲线及近钻头井斜、近钻头工具面两个工程参数,并且测量零长都在 2~3m 范围内。能够提供实时钻遇地层的地质参数,帮助现场人员判断钻头所在油层中的具体位置,比常规 LWD 更早发现油层,并能在钻进过程中及时调整钻井姿态,保证钻头始终在油层中并且是优势储层中钻进,尤其适合于复杂地层、薄油层钻进的水平井,可以有效提高油层钻遇率,具有随钻辨识油气层、导向功能强的特点。

(2)可以判断钻头在油层中所处位置,方便及时调整轨迹。

在水平穿越油层时,可通过方位电阻率、方位自然伽马及时判断钻头是否靠近油层顶、底界面,能够判断钻头是否即将出层,及时调整轨迹,保持钻头在油层中钻进。也可以在钻头出层时,判断出钻头是从顶界面出层还是底界面出层;也可以通过方位电阻率和方位自然伽马的相对大小,判断钻头所处于油层中的位置,并可以判断优势储层的位置,让钻头在含油饱和度相对较高的地层中钻进,达到有效增产的效果。这两项技术都十分适用于探井、薄油层及超薄油层水平井施工,能够有效提高油层钻遇率。

(3)双探管优势。

近钻头测量也包括近钻头井斜和近钻头工具面两个参数,离钻头近可以根据近钻头的井斜定性描述井眼轨迹变化,能够指导定向工程师及时注意井斜变化。近钻头工具面除了可以指导方位自然伽马和方位电阻率测量上下地层外,还和 MWD 定向探管具有互证性,可以在第一时间发现角差是否存在误差,避免了因造斜率预测不准、角差误差等因素导致的井眼轨迹控制不够精确甚至控制失败。

4.3.2 CGDSNB 系列近钻头地质导向钻井系统的结构组成

CGDSNB 系列近钻头地质导向钻井系统由 CAIMS 测传电动机、WLRS 无线接收系统、CGMWD 正脉冲无线随钻测量系统和地面信息处理与 CFDS 导向决策软件系统组成,其系统结构如图 4.3.1 所示。

4.3.2.1 测量

在近钻头测传电动机中装有电阻率传感器、自然伽马传感器和井斜传感器，在无线短传接收短节中装有接收线圈。近钻头测传电动机可测量钻头电阻率、方位电阻率、自然伽马和近钻头井斜角、工具面角，这些近钻头地质参数及工程参数由无线短传发射线圈以电磁波方式，越过导向螺杆电动机，或者通过直传电动机定子，分时传送至无线接收系统。

CAIMS 测传电动机结构如图 4.3.2 所示，自上而下由旁通阀、螺杆电动机、万向轴总成、近钻头测传短节、地面可调弯壳体总成（0°～2°）和带近钻头稳定器的传动轴总成组成。近钻头测传短节由电阻率传感器、自然伽马传感器、井斜传感器、电磁波发射天线和减振装置、控制电路和电池组组成。该短节可测量钻头电阻率、方位电阻率、方位自然伽马、井斜、温度等参数。用无线短传方式把各近钻头测量参数传至位于旁通阀上方的无线短传接收系统。

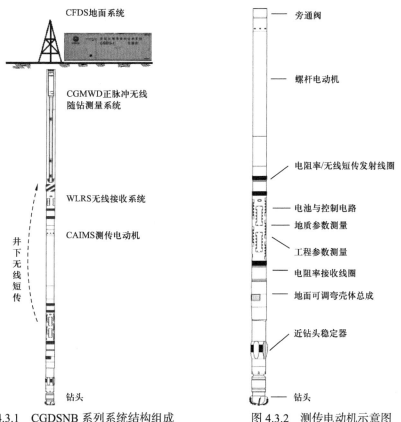

图 4.3.1 CGDSNB 系列系统结构组成　　　图 4.3.2 测传电动机示意图

4.3.2.2 传输

无线接收系统接收到测传电动机传送的近钻头测量参数后，由数据连接系统融入位于其上方的 CGMWD 正脉冲随钻测量系统，CGMWD 通过正脉冲发生器在钻柱内钻井液通道中产生的压力脉冲信号，根据传输序列将所测的近钻头测量参数传至地面处理系统，同

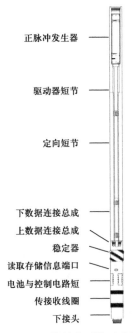

图4.3.3　无线接收系统示意图

正脉冲发生器

驱动器短节

定向短节

下数据连接总成
上数据连接总成
稳定器
读取存储信息端口
电池与控制电路短
传接收线圈
下接头

时还上传 CGMWD 自身测量信息，包括井斜、方位、工具面、井下温度、磁场、重力场等工程参数。

WLRS 无线接收系统主要由上数据连接总成、稳定器、电池与控制电路舱体、短传接收线圈和下接头组成，如图4.3.3所示。

4.3.2.3　导向

地面处理系统接收和采集井下仪器上传的泥浆压力脉冲信号后，进行滤波降噪、检测识别、解码及显示和存储等处理，将解码后的数据送向司钻显示器供定向工程师阅读；同时由 CFDS 导向软件系统辅助导向工程师进行判断、决策，以井下导向电动机（或转盘钻具组合）作为导向执行工具，指挥导向工具准确钻入油气目的层或在油气储层中继续钻进。

CGMWD 系统，下部连接测传电动机。接收由电动机下方无线短传发射线圈发射的电磁波信号，由上数据连接总成将短传数据传输至 CGMWD。

CGMWD 正脉冲无线随钻测量系统包括 CGMWD-MD 井下仪器（图4.3.4）和 CGMWD-MS 地面装备（图4.3.5）。二者通过钻柱内钻井液通道中的压力脉冲信号进行通信，并协调工作，实现钻井过程中井下工具的状态、井下工况及有关测量参数（包括井斜、方位、工具面等工程参数，伽马、电阻率等地质参数）的实时监测。地面装备部分由地面传感器（压力传感器、钩载传感器、绞车传感器等）、仪器房、前端箱、主机及外围设备与相关软件组成，具有较强的信号处理和识别能力。地下仪器部分由无磁钻铤和装在无磁钻铤中的正脉冲发生器、驱动器短节、定向仪短节、下数据连接总成组成。上接普通（或无磁）钻铤、钻杆，下接无线接收系统（WRLS）。由于采用开放式总线设计，该仪器可兼容其他型号的脉冲发生器正常工作。除用于 CGDSNB 系列近钻头地质导向钻井系统作为信息传输通道外，还可用于其他定向钻井作业，轨道设计界面如图4.3.6所示。

CFDS 地面应用软件子系统主要由数据处理分析、钻井轨道设计与导向等软件组成，另外还有效果评价、数据管理和图表输出等模块。应用该软件系统可对钻井过程中实时上传的近钻头电阻率、自然伽马等地质参数进行处理和分析，从而对新钻地层性质作出解释和判断；再根据实时上传的工程参数，辅助导向工程师及定向井工程师对井眼轨道作出必要的调整设计，进行决策和随钻控制。由此可提高探井、开发井对油层的钻遇率和成功率，大幅度提高进入油层的准确性和在油层内的进尺。

4.3.3　CGDSNB 系列近钻头地质导向钻井系统技术指标

尼日尔水平井应用的 CGDS172NB 系统总体技术指标见表4.3.1，CGMWD 测量参数与性能指标见表4.3.2，CGDSNB 近钻头地质导向钻井系统主要结构简图如图4.3.7所示。

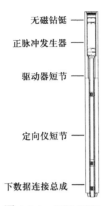

无磁钻铤
正脉冲发生器
驱动器短节
定向仪短节
下数据连接总成

图 4.3.4 CGMWD
井下仪器示意图

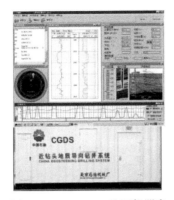

图 4.3.5 CGMWD 地面仪器房
和控制台显示界面

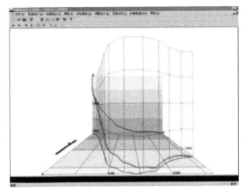

图 4.3.6 轨道设计界面

表 4.3.1 CGDS172NB 系统总体技术指标

项目	指标	项目	指标
公称外径	ϕ172mm	电动机流量	19～38L/s
适用井眼尺寸	ϕ216～ϕ244mm（$8\frac{1}{2}$～$9\frac{1}{2}$in）	电动机压降	3.2MPa
下部稳定器	$8\frac{1}{2}$in 井眼：ϕ212mm $9\frac{1}{2}$in 井眼：ϕ238mm	钻头转速	100～200r/min
上部稳定器	$8\frac{1}{2}$in 井眼：ϕ210mm $9\frac{1}{2}$in 井眼：ϕ235mm	电动机工作扭矩	3660N·m
造斜能力	7.5°/30m（1.25°弯角）	推荐钻压	80kN
传输深度	5500m	最大钻压	160kN
最高工作温度	125℃	电动机输出功率	38～76.6kW
脉冲发生器类型	钻井液正脉冲	钻头电阻率传感器位置距电动机底面距离	2.05m
上传传输速率	2bit/s	方位电阻率传感器位置距电动机底面距离	2.7m
短传数据率	200bit/s	方位自然伽马传感器位置距电动机底面距离	2.7m
连续工作时间	200h	井斜与工具面传感器位置距电动机底面距离	2.85m
近钻头测量参数	钻头电阻率，方位电阻率，方位伽马，井斜角，工具面角	CAIMS 长度	8.49m
最高耐压	140MPa	WLRS 长度	1.78m
最大允许冲击	10000m/s^2（0.2ms，1/2sin）	CGMWD 长度	5.33m
最大允许振动	150m/s^2（10～200Hz）	CGDS172NB 总长度	15.6m

表 4.3.2　CGMWD 测量参数与性能指标

项目	测量范围	精度
方位角	0°～360°	井斜角≥6°时 ±1° 井斜角 3°～6°时 ±1.5° 井斜角 0°～3°时 ±2°
井斜角	0°～180°	±0.15°
工具面角	0°～360°	井斜角≥6°时 ±1.5°井 斜角 3°～6°时 ±2.5° 井斜角 0°～3°时 ±3°
温度	0°～150°	2.5℃
抗震动	200m/s² 随机 5～1000Hz	
抗冲击	4900m/s²（0.2ms，1/2sin）	
最高耐压	140MPa	
最大工作温度	125℃	
最大含砂量	1%	
最大狗腿度	10°/30m（旋转），20°/30m（滑动）	
最大钻头压降	不限	
钻头电阻率技术指标		
	测量范围	0.2～2000Ω·m
	测量精度	±0.1Ω·m（电阻率≤2Ω·m）
		±8%FS（2Ω·m＜电阻率≤200Ω·m）
		±15%FS（电阻率＞200Ω·m）
水基泥浆	垂直分辨率	典型值 1.8m（6ft）
	探测深度	0.45m（18in）
	工作温度	125℃
	工作压力	140MPa
方位电阻率技术指标		
	测量范围	0.2～200Ω·m
	测量精度	±0.1Ω·m（电阻率≤2Ω·m）
		±8%FS（电阻率＞2Ω·m）
水基泥浆	垂直分辨率	典型值 0.1m（4in）
	探测深度	0.3m（12in）
	工作温度	125℃
	工作压力	140MPa

自然伽马测量技术指标		
序号	项目	精度
1	测量范围	0～250API
2	精度	±3%FS
3	灵敏度	不劣于4API/（mPa·s）
4	最高测量速度	30m/h
5	垂直分辨率	150mm
6	统计起伏*	±3API

近钻头井斜、工具面技术指标		
项目	范围	精度
工具面角测量	0°～360°	±0.4°
井斜角测量	0°～180°	±0.4°

工具理论造斜率指标（°/30m）				
可调弯角	0.75°	1.0°	1.25°	1.5°
$8\frac{1}{2}$in井眼	3.7～4.6	5～6	6.4～7.3	7.5～8.7
$9\frac{5}{8}$in井眼	3.6～4.5	5～6	6.3～7.3	7.7～8.7

*100API地层，钻速为60ft/h。

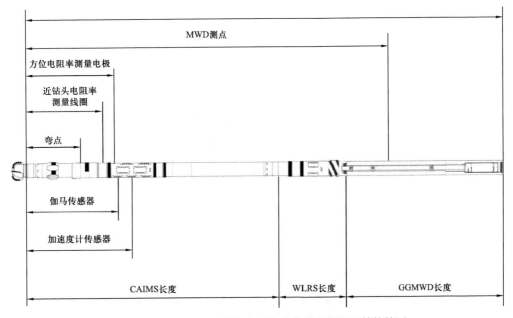

图4.3.7　CGDSNB近钻头地质导向钻井系统主要结构简图

4.4 远程导向跟踪与支持决策平台

在现场配备导向队伍开展技术服务外，为了提升服务效果，保障施工质量，在基地后方建立技术支持中心，通过信息化手段实现专家资源对于施工井的全面覆盖，实现了有效的井场技术支持，形成与现场的互动，开展前方现场导向＋后方远程支持的服务模式，具体来说从钻前模型审核，到钻中进行实时监控与技术难题指导，钻后进行区域模型完善分析与方法研究，将技术优势与人员能力相结合，提高待钻井服务效果。

4.4.1 平台组成

导向远程信息化支持包含井场数据采集、传输、存储与后方数据应用四个方面。数据采集方面，钻井现场以综合录井仪为载体，部署一站式井场数据采集平台（图4.4.1），实时采集各专业数据，形成井场数据中心，并将数据传输回基地，实现现场、基地数据、国内支持专家及甲方的实时共享。

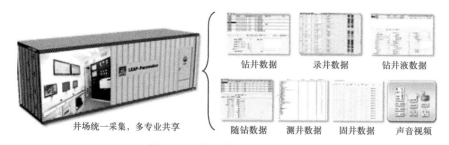

井场统一采集，多专业共享

钻井数据　录井数据　钻井液数据

随钻数据　测井数据　固井数据　声音视频

图4.4.1　井场数据采集示意图

4.4.2 现场客户端

远程导向跟踪与支持决策平台—现场客户端面向对象为现场导向师、专业技术管理人员（应用定位：具体操作、跟踪分析）（图4.4.2）。

图4.4.2　远程导向跟踪与支持决策平台—现场客户端

4.4.3 发布浏览端

远程导向跟踪与支持决策平台—发布端登录页面（图4.4.3）面向对象为生产管理人员、技术人员、甲方等外单位人员（应用定位：跟踪与决策、辅助生产管理）。

图4.4.3 远程导向跟踪与支持决策平台—发布端登录页面

通过两个客户端的衔接，整合不同类型数据，衔接地质工程，不同方随时登陆，远程跟踪与了解现场导向状态，便于沟通，实现"不同人员、不同地点、不同时间"下对地质导向动态浏览与分析应用。

4.4.4 平台应用

导向平台发布端应用主要包括报表类和图件类（图4.4.4～图4.4.6）。

图4.4.4 远程导向跟踪与支持决策平台—数据统计表

钻前导向师通过收集资料，建立模型，上传至平台，甲方及支持专家在线预览、审查模型。

钻中导向师每日定时上传日报等文档性材料、更新导向图件并上传，重点段加密上传，监督地质、工程、随钻数据连续上传，保障平台数据、图件与井场同步性。着陆前更新着陆对比图，水平段更新轨迹跟踪图。

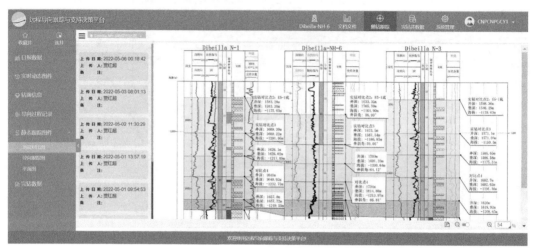

图 4.4.5　远程导向跟踪与支持决策平台—着陆对比图

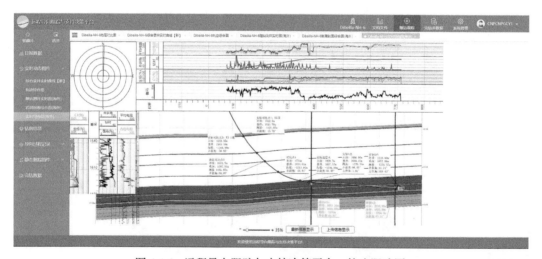

图 4.4.6　远程导向跟踪与支持决策平台—轨迹跟踪图

通过平台查看现场各种数据报表和图件，融合不同类型的随钻测井、录井数据，满足后方跟踪需要，并且可以回溯不同时间点地质导向过程图件分析、查询，数据统一管理，促进导向规范性（图 4.4.7 和图 4.4.8）。

通过图件的对比，可以直观的反应实钻地层和设计的差异。实钻地层变化较大时，甲方、导向支持团队、现场导向师可以同步获得相关信息，任意一方更新图件上传后，各相关方都可同步获得。导向和支持团队提出的建议，甲方的指令和通知，都上传至平台并可追溯。

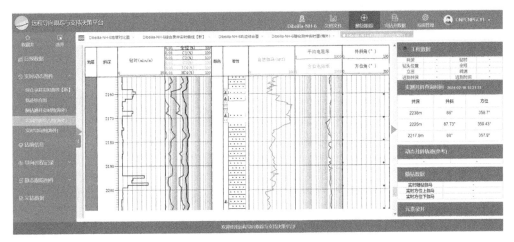

图 4.4.7　远程导向跟踪与支持决策平台—岩屑剖面图

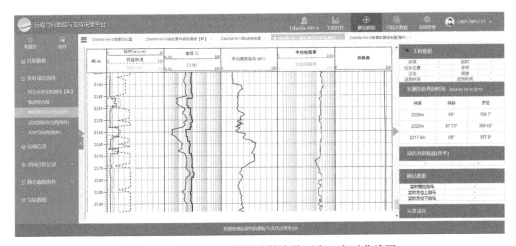

图 4.4.8　远程导向跟踪与支持决策平台—实时曲线图

5 井身结构

5.1 地层岩性与压力特征

Recent 地层松散，砂、砾岩夹软泥岩，成岩性差，易漏失、垮塌、冲蚀松软，造斜率差，定向钻进时易造成大肚子井眼。

Sokor shales 和 Low velocity shale 地层，以泥岩为主，夹少量薄层砂岩，以及厚层泥页岩夹不等厚砂岩，性软、易缩径；易黏附岩屑，导致缩径，起下钻困难，泥包钻头，垮塌及卡钻事故等。并且该段地层泥岩成岩性中等—较差，易造浆。由于泥岩吸水膨胀等特点，可能存在卡钻、井斜控制等风险。

Dibeilla N-1 断块主要目的层为 Sokor Sandy Alternaces（E5）地层，属常压系统，Sokor 及以上地层压力系数为 0.99~1.0，坍塌压力系数最大为 1.18，地层破裂压力系数最大为 1.66（表 5.1.1 和图 5.1.1）。

表 5.1.1　地层压力系数

地质年代	地层	垂深（m）	岩性描述	地层压力系数	坍塌压力系数	地层破裂压力系数
Miocene–Quaternary	Recent	9.4 960	松散砂，有时为黏质层，地层下部有黏土互层。细至粗砂和砾石。主要为石英，一些长石，偶尔为彩色软黏土	1.00	1.02	1.57
Oligocene	Sokor Shales	1039	黏土岩	1.00	1.07	1.62
Oligocene	Low velocity shale（E0）	1088	黏土岩	0.99	1.08	1.66
Paloe–Eocene	Sokor Sandy Alternaces（E1-E4）	1520	砂岩和黏土岩夹层	1.00	1.18	1.66
Paloe–Eocene	TD E5	1662	砂岩和黏土岩夹层	1.00	1.18	1.66

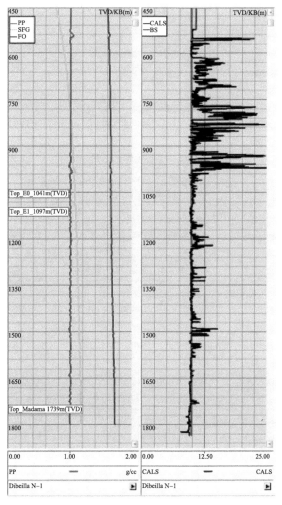

图 5.1.1　地层压力曲线

5.2　井身结构设计

尼日尔 Agadem 区块典型水平井设计采用三开井身结构，一开下深 600m，坐封 Recent 底稳定泥岩段，封固以上欠压实地层，同时为二开提供井口控制条件；二开下深 1871.51m，钻至 SSA E5 层顶坐封；三开储层专打，钻至 TD-2214.13m，下入膨胀式尾管悬挂器 + 调流控水筛管完井管柱至 2204.13m。井身结构设计见表 5.2.1。

调流控水筛管于膨胀式尾管悬挂器挂于上层 ϕ244.5mm 套管内，由于膨胀式尾管悬挂器采用金属 + 橡胶复合密封，具有较强密封性（35MPa），悬挂器位置设计为距上层套管鞋 50m 处。筛管完井水平井完钻口袋长度应在 10～20m（SY/T 6464—2016《水平井完井工艺技术要求》）套管程序设计见表 5.2.2、设计结构简图如图 5.2.1 所示。

表 5.2.1　井身结构设计

井序	井深 （m）	钻头 尺寸 （mm）	套管尺寸 （mm）	套管鞋地层	套管间隔 （m）	水泥浆返高 （m）
导管	—	—	508	全新世	0～30	地面
表层套管	550	444.5	339.7	全新世	0～549.5	地面
中间套管	2055.56	311.2	244.5	索科尔砂岩互层（E5）	0～2053.56	高于 E5 砂岩顶 部 300m 以上
生产套管	2456.7	215.9	139.7	索科尔砂岩互层（E5）	悬挂器～2446.7	—

注：（1）地面套管鞋应按照地质主管的建议下入黏土地层；
　　（2）实际生产套管深度应根据地质主管的建议进行调整。

表 5.2.2　套管程序设计

井序	钻头尺寸（mm）	套管尺寸（mm）	套管间隔（m）
导管	—	508	0～30
表层套管	444.5	339.7	0～549.5
中间套管	311.2	244.5	0～2053.56
生产套管	215.9	139.7	悬挂器～2446.7

注：实际坐封深度由井场地质学家确定。

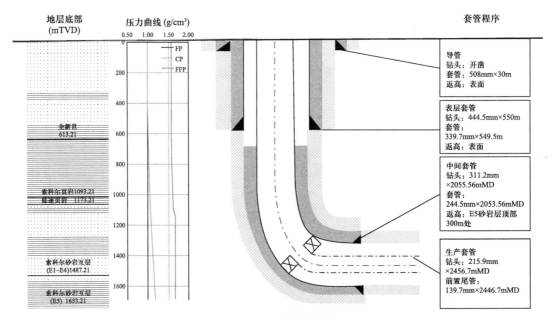

图 5.2.1　设计结构简图

6 钻 井 液

6.1 防止井壁稳定机理

胺基钻井液有较高的抑制能力和防泥包能力，符合尼日尔环保要求，并具有成膜作用，其效果与油基钻井液相当，是替代油基钻井液且又能安全钻井的高性能水基钻井液。

胺盐易溶于水，低毒，可与其他添加剂一起使用，不水解，具有成膜作用。新胺盐有独特的分子结构，可填充黏土层间，并把它们束缚在一起，有效地减少黏土的吸水倾向；胺基分子通过金属阳离子吸附在黏土表面，或者是在离子交换中取代了金属阳离子形成了对黏土的束缚；其抑制页岩膨胀的机理不同于聚合醇的作用机理，这是由于胺基独特的束缚作用，而不是把水从层间排除；X 射线衍射分析结果表明，随着其浓度的增加，蒙脱土的层间距在下降，这与在聚合醇溶液中观察到的现象相反，同时这也支持了一种新抑制机理的假设；对具有中性的胺抑制剂进行了各种分子量的建模研究，结果表明，具有某些分子量的胺的混合物通过架桥的方式可穿过土层进行束缚（图 6.1.1）。

（1）SIAT 含有多个胺基，—NH$_2$ 极性大，易被黏土优先吸附，会促使黏土晶层间脱水，减小膨胀力；

（2）引入醚键，可适当增长骨架碳链，使其嵌入黏土晶层，可以阻止水分子进入；

（3）依靠分子链上多个胺基固定黏土晶片，破坏水化结构，更好地发挥胺类化合物 SIAT 对泥页岩、黏土的优良抑制作用。

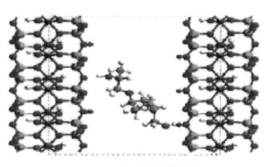

图 6.1.1　胺抑制剂建模研究

6.2 钻井液配方优化

6.2.1 体系配方升级优化技术思路

（1）在现有钻井液体系配方的基础上进行升级优化，保证安全可靠。

（2）开发定向井、水平井居多，且甲方有增储上产的目标，因此应强化配方流变携岩性，润滑性；并注重滤失造壁性，降低滤液侵害，保护油气层。

（3）针对 Sokor 泥岩和低速泥岩水化膨胀和剥落掉块问题，应进一步增强配方的抑制、防塌能力。

（4）升级配方应充分考虑当地作业实际、后勤保障等因素，处理剂选择应满足环保要求。

6.2.2 升级优化具体手段

（1）选用超高分子量乳液大分子聚合物，代替传统包被剂，进一步提升包被能力。

（2）优选胺基抑制剂，与钾盐（KCl）协同增效，提高抑制性。

（3）优选高效润滑剂，进一步增加润滑性能，满足开发定向井需要。

（4）优选封堵材料，封堵地层微裂缝，提升体系防塌能力。

6.2.3 体系升级优势

目前胺基体系在尼日尔使用越来越成熟，并且配方和性能调整也较完善，现场应用表明胺基钻井液有很强的抑制泥页岩水化以及稳定井壁的能力：Recent 下部软泥岩地层返出的钻屑完整，PDC 钻头切削痕迹清晰可见，钻屑不易聚团，钻头泥包概率大大降低；和使用 KCl 聚合物钻井液的井相比，井眼扩大率明显降低，起下钻时间以及完井作业时间明显减少，缩短了完井周期。

通过 2021—2022 年所打井使用的胺基体系，不断进行配方优化，从钻井液成本统计来看，单位体积的胺基钻井液成本比 KCL-Polymer 体系钻井液成本平均减少 23% 左右。

相对比 KCL-Polymer 体系，胺基钻井液体系具备如下优势：

（1）胺基抑制剂与钾盐（KCl）配合使用，提升软泥岩抑制能力，GW-SIAT 作为主抑制剂，其加量根据不同地层的特点进行合理调整，防止其含量过高对地层抑制性太强，造成井眼过小，加大起下困难；加入乳液大分子，强化硬脆性泥岩的包被能力。

（2）采用高效封堵剂封堵地层微裂缝，体系封堵能力明显提升，井壁稳定性进一步增强。

（3）体系整体携岩能力强，采用无毒、环保的生物聚合物 XC 调节流型，进一步增强井眼清洁能力。

（4）采用高效润滑剂配合超高大分子，体系润滑性进一步提升，摩阻降低，大大缓解了定向井托压现象。

（5）合理使用四级固控设备，及时清除有害固相，充分利用胺基钻井液的高抑制性，改善滤饼质量。

6.3 处理剂及添加剂优选

二期开发油田增储上产，水平井对钻井液体系有着更高的要求和标准，为进一步减少井下复杂事故，降低钻井综合成本，需对现有钻井液体系进行升级优化。经过大量室内实验和对比研究，提出在原有 KCl 聚合物钻井液体系中引入胺基抑制剂和改良微纳米封堵剂，提高钻井液体系抑制性能和润滑性能，以满足生产需求。

（1）胺基抑制剂与钾盐（KCl）配合使用，提升软泥岩抑制能力；加入超高分子量的乳液大分子，强化硬脆性泥岩的包被能力。

（2）采用高效封堵剂封堵地层微裂缝，体系封堵能力明显提升，井壁稳定性进一步增强。

（3）体系整体动塑比高，携岩能力强，采用无毒、环保的生物聚合物 XC 调节流型，进一步增强定向井、水平井井眼清洁能力。

（4）采用高效润滑剂，体系润滑性进一步提升，摩阻降低，可消除定向井、水平井托压现象。

（5）采用降滤失剂 Starch 降滤失，滤饼质量好，造壁性能强，降低了滤液及有害固相对地层的侵入。

水平井对钻井液体系主要处理剂功能见表 6.3.1。

表 6.3.1 主要处理剂功能

序号	材料名称	主要用途
1	GW-SIAT（胺基）	抑制泥页岩水化膨胀、封堵作用
2	PAC-LV	降失水作用
3	Starch	降失水作用
4	KPAM	抑制包被剂
5	GW-AMAC（乳液大分子）	抑制包被剂
6	HY-268	封堵润滑剂
7	CausticSoda（烧碱）	调节 pH 值作用
8	KCl	抑制剂
9	Barite（重晶石）	调节钻井液密度作用

6.4 钻井液现场应用

6.4.1 水平井施工难点及应对技术措施

6.4.1.1 水平井施工难点

（1）二开大井眼清洁问题。

携岩悬岩问题：水平井井斜>40°以后，岩屑床问题会逐步突出，岩屑床在 45°～65° 最厚，也是最不稳定的井段，停泵时岩屑床会向井底下滑，使扭矩增大、摩阻升高，严重时将会引起卡钻、憋泵等复杂情况。Dibeilla 区块目前设计的 6 口水平井，最大的困难是二开大斜度大井眼的清洁问题，是水平井井下安全的关键因素，事关水平井施工的成败。

（2）二开井壁稳定问题。

Lowvelocityshale 层位岩性为巨厚灰色—棕色泥岩与黑色页岩间互层，夹薄层砂岩。泥岩较硬、脆，容易产生水化作用，吸水膨胀，且浸泡时间越长越明显，局部易剥落。页岩层理明显，易剥落，局部页岩碳质含量高，且分布均匀，表现出碳质页岩特征。页岩易受多种应力影响，继而破碎进入井筒，造成工程风险；低速泥岩缩径问题及 Lowvelocityshale、SokorSandy 井段的页岩垮塌问题，大井斜增加了页岩的垮塌风险，需要更高的钻井液密度提供力学支撑及强化钻井液的封堵能力。

（3）摩阻扭矩控制问题。

因返速低，岩屑床问题突出，导致摩阻扭矩增加，井身轨迹设计的特殊性，决定了摩阻扭矩大幅度增加，滑动钻进时易发生托压，旋转钻进时的扭矩大，划眼时扭矩大等问题。

（4）LWD 安全施工问题。

因存在低速泥岩缩径、岩屑床划眼及页岩失稳等问题，划眼过程中因 LWD 外径几乎与钻头尺寸一致，存在较高的憋卡风险。

6.4.1.2　应对技术措施

（1）钻井液体系选择。

一开采用 PHB 钻井液，二开三开采用高性能胺基氯化钾钻井液体系。

（2）井眼清洁技术措施。

① 环空返速，排量。

a. 尽量提高钻井排量，SokorShales 中下部暗红色泥岩和低速泥岩井段 55～60L/s，SokorSandy 二开井段排量 50～55L/s；确保井下真实环空返速不低于 0.7m/s（井径扩大率按 5% 计算）；钻进过程中，单泵钻进会造成严重的岩屑床问题，起钻划眼困难，因此要禁止修泵期间单泵钻进。

b. 如果今后还有大量水平井建设，建议水平井施工二开井段引进 139.7mm 钻杆，有利于提高钻井排量，提高钻井液环空返速，提高井眼清洁效率，降低划眼时间及憋卡几率。

② 钻具转速控制。

大斜度井眼清洁钻具转数是影响岩屑床厚度的最为关键因素之一，钻具转速每提高 20r，岩屑床厚度能降低 50% 左右，在低钻井液环空返速和低钻具转速条件下（40～60r/min），岩屑床问题非常突出。因此，建议使用允许相对较高转速的螺杆，或者使用高转速的旋转导向工具提高井眼清洁程度。

③ 斜度大井眼钻井液性能控制。

二开大斜度大井眼是对钻井液性能要求最高的井段，主要原因就是因为受钻井液环空返速和钻具转数限制，要求钻井液比常规钻井液具有更高的黏切力，在井斜超过 40° 后的井段，主要控制动塑比在 0.5～0.6，提高低剪切速率下的黏度，一般控制 6 转读数在 8～15，减缓岩屑下沉速度，降低划眼困难程度。

④ 强化短起下钻措施。

上部地层 30°前按照 200m 或者 24h 必须短起下一次，至少起钻至套管鞋；当井斜大于 45°后每钻进 100～150m 短起下钻 1 次，每钻进 200～300m 进行较长井段的短起下，以破坏岩屑床的形成。

⑤ 大斜度井稀稠塞的使用。

稀塞的目的是冲刷清除岩屑床，稀塞冲刷清除岩屑床要求钻井液有很高的环空返速，黏度越低，所需返速越低，黏度最低的清水也要环空返速高于 0.92m/s 才对大斜度井段岩屑床有清除破坏作用，鉴于目前大井眼特点及环空返速，一般 10～15m³ 稀塞对岩屑床破坏清除效果极为有限，反而会造成现场施工钻井液性能极不稳定，低黏度段混浆钻井液会加剧岩屑床问题；稠塞携砂只有在岩屑颗粒较粗，岩屑床被破坏之后才能起作用，在短起下钻到底清扫，正常钻进时作用不大，而形成岩屑床的岩屑也是以细小岩屑颗粒为主，形成的岩屑床非常致密，稀稠塞难以破坏清除。因此，稀稠塞使用频率要适当控制，大井斜段钻进 300m 进行一次。

（3）固相控制。

二开井段，因低返速大井斜段长的原因，岩屑会被钻具反复研磨成细颗粒岩屑，因此水平井钻井对固控设备提出了更高要求，关键的振动筛要求具备处理量大，筛布目数使用高的特点，筛布目数一般使用超过 140 目就能起到较好的固相控制效果，最低也不低于 110 目，除砂器和除泥器使用率 100%，二开三开离心机使用率 50%～80%，四级净化关键在一级振动筛的高效使用。

（4）二开井壁稳定问题。

① 强抑制。

利用胺基体系的强抑制性，保持 0.8%～1.2% 胺基抑制剂和 7%～8%KCl 的有效含量，可以有效抑制泥页岩水化膨胀。

② 强封堵。

大井斜段硬脆性泥岩、碳质泥岩井段通过增强 HY-268、白沥清和超细碳酸钙强化封堵，降低失水量，提高黏切力，进而提高井壁稳定性。

③ 合理控制钻井液密度。

二开大井斜段相比常规井提高钻井液密度 0.05～0.15g/cm³，支撑上井壁防止页岩垮塌；

控制起下钻速度，降低激动压力的影响，划眼或倒划眼时小心操作，避免水锤效应对井壁的冲击，造成井壁失稳。

（5）摩阻扭矩控制问题。

利用现有液体润滑剂 RH-8501、润滑封堵剂 HY-268，结合固体润滑剂石墨及塑料小球，提高其加量满足现在水平井施工需求。

（6）LWD 安全施工问题。

① 主要是提高井眼清洁效率。

除上述提到的井眼清洁措施之外，工程还需通过提高循环洗井时间，强化短起下钻频次及短起下井段长度破坏清除岩屑床。

② 强化封堵。

页岩井段强化封堵，防止垮塌，渗透性砂岩井段，强化钻井液造壁性和封堵性，控制较低的滤失量，大斜度井段滤失量 3～3.5mL。

③ 较常规井控制较高的钻井液密度，防止硬脆性泥岩、碳质泥岩垮塌掉块卡仪器；钻井液通过塞流的重稠塞强化井眼垮塌物的清除，降低卡仪器几率。

④ 增加润滑剂的使用量，固液结合提高钻井液的润滑性能。

（7）钻具防卡措施。

① 钻井液性能要保持良好、均匀、稳定，使其有较低的滤失量，薄而韧的滤饼，良好的流动性。

② 保持较低的固相含量，使用好净化设备。

③ 坚持短起下钻，破坏岩屑床，修设备时或循环观察时必须勤活动钻具，防止粘卡；控制好井身轨迹，在施工过程中会经常出现遇阻、遇卡现象，要采用活动、循环、倒划眼等措施，严禁违章操作。

④ 钻进过程中钻井液必须保证滤饼质量好，及时加入足量的润滑剂，提高钻井液的润滑性，减少钻具的附加拉力和扭矩。

⑤ 严格控制起钻速度，避免起钻速度过快导致卡钻等人为复杂情况。

（8）防漏措施。

① 使用合理的钻井液密度和黏切力进行施工，并保持充足的钻井液量。

② 在易漏井段钻进时要适当控制钻速，并按要求循环钻井液，防止环空憋堵引起井漏；控制钻具起下放速度，下钻打通水眼时要尽可能地避开易漏井段，防止憋漏地层；控制下钻速度，开泵操作要平稳、排量由小到大，防止压力激动过大，憋漏地层。

③ 划眼或倒划眼时小心操作，避免水锤效应对井壁的冲击，造成井下漏失。

④ 重视 ECD 对井下压力的影响，特别是水平段，最大 ECD 应低于地层破裂压力。

⑤ 提高钻井液的携砂性能，注意保持良好流动性，防止憋堵。

⑥ 坚守岗位，密切关注钻井液量的变化，及时发现井漏是处理井漏和防止情况恶化的关键。

⑦ 一旦发生井漏，要起钻并连续灌好钻井液；按照堵漏程序确定堵漏方案。

（9）防喷措施。

① 本区块施工中要切实做好井喷的预防工作。要根据地层压力和储层油气特点的实际情况，保持钻井液具有合理的密度，防止因井内压力失衡而发生井喷的事故。

② 按照工程设计要求储备加重材料，确保加重设备灵活好用。

③ 严格控制起钻速度，防止抽喷；起钻时要灌好钻井液。

④ 钻开油气层 2～3m，停钻循环一周，加密测量钻井液密度、黏度，无异常情况，方可钻进。起钻前和下钻到底时要测后效，发现异常及时采取措施。

（10）防硫化氢和环保工作。

① 硫化氢是臭鸡蛋气味的气体，比空气重，少量吸入使人昏迷甚至危及生命，钻进过程中必须加强对硫化氢气体的监测、预防和预报工作。

② 若发现硫化氢，人必须处于上风口处、高处。

③ 钻井液在硫化氢井段 pH 维持在 10.5～11.5。

④ 发现硫化氢后，作业时必须戴防毒面具，并按规定操作。

⑤ 施工中必须保护环境，防止污染，减少钻井液排放，防止处理剂、废包装等污染。加化学药品应尽量选在风小时加入，并在四周做好防护措施。

⑥ 其他未尽事宜按有关规定执行。

6.4.2 分井段钻井液技术措施

6.4.2.1 导管和一开钻井液技术措施

（1）导管和一开使用预水化膨润土浆，针对地质预测的地层岩性情况和钻井施工中的重点和难点，从井筒净化和随钻堵漏两方面着手，制定技术措施，确保施工安全。

（2）开钻前 24h 配制 200m³ 预水化（6%～8% 膨润土 +0.3%～0.4% 纯碱）膨润土浆，黏度控制在 50～70s。同时储备足够的堵漏剂。备用罐中配制 40m³ 含有 10～15kg/m³Seal-YT、10～15kg/m³Mica（F）、10～15kg/m³Walnut（F）、10～15kg/m³Complex 的堵漏钻井液备用。

（3）钻进过程中加入随钻堵漏材料 5～10kg/m³Seal-YT、5～10kg/m³Complex、5～10kg/m³Mica（F）、5～10kg/m³Walnut（F）。

（4）控制合适的泵排量，防止泵排量过大造成井径扩大率增大。

（5）使用好振动筛和除砂器等固控设备，钻进过程中钻井液密度控制在 1.05～1.10g/cm³。

（6）为了保证下套管顺利，一开完钻后必须进行短起下，修复井壁。下钻到底可用高黏钻井液清扫井底，直到振动筛上无岩屑返出。

6.4.2.2 二开钻井液技术措施

（1）二开钻井液维护思路及要点。

钻井液体系：高性能胺基钻井液体系。

维护处理要点：强抑制性；强封堵性；良好的流变性能。

（2）二开钻井液配方。

1% 膨润土浆 +0.1%～0.2%NaOH+1%～1.5% 改性淀粉 +0.5%～0.8%PAC-LV+0.1%～0.3%GWIN-AMAC+0.8%～1% 聚胺抑制剂 +0.2%～0.5%XC+7%～8%KCl+1%～1.5% 白沥青 +1%～3% 液体封堵润滑剂 HY-268+2%～5% 无荧光润滑剂 RH-8501+ 石墨（根据需要）+ 塑料小球（根据需要）。

（3）直井段钻井液维护。

① 配制胶液维护钻井液性能，胶液配方：0.1%～0.2%NaOH+1%～1.5% 改性淀粉 +

0.5%～0.8%PAC-LV+0.1%～0.3%GWIN-AMAC+0.5%～1% 聚胺抑制剂 +0.2%～0.3%XC+7%～8.5%KCl，钻井液密度根据设计范围进行调整，钻井液黏度维持在 42～55s，API 滤失量 5～6mL。

② 二开后尽快提高振动筛目数，降低钻井液中固相含量；除砂器、除泥器使用 200 目以上筛布，使用率 100%，并根据需要使用离心机。

（4）井斜 0°～40°井段钻井液维护。

① 配制胶液维护钻井液性能，胶液配方：0.1%～0.2%NaOH+1%～1.5% 改性淀粉 +0.5%～0.8%PAC-LV+0.1%～0.3%GWIN-AMAC+0.5%～1% 聚胺抑制剂 +0.2%～0.4% XC+7%～8.5%KCl，并加入 1%～2%RH-8501、1%～1.5%HY-268 或白沥青保持钻井液良好的润滑性能。

② 调整钻井液流变性能，尽量降低塑性黏度，使用 XCD 提高动塑比和低剪切速率黏度。钻井液黏度维持在 45～70s，API 滤失量 4～6mL。

③ 根据井下情况，可在起钻前和下钻到底后在钻具旋转的情况下用 XCD 稠塞携带岩屑，清洗井底。

（5）井斜 40°–A 靶点。

① 配制胶液维护钻井液性能，胶液配方：0.1%～0.2%NaOH+1%～1.5% 改性淀粉 +0.5%～0.8%PAC-LV+0.1%～0.3%GWIN-AMAC+0.5%～1% 聚胺抑制剂 +0.2%～0.5%XC+7%～8.5%KCl+1.5%～3%Bloca+2%～3%HY-268 或白沥青，RH-8501 加量提高到 3%～5%，进一步提高钻井液的润滑性能，滑动钻进时如托压严重可根据需要打入 Graphite 段塞。

② 调整钻井液流变性能，维持动塑比在 0.5～0.6 之间，低剪切速率黏度，转读数在 8～15 之间，根据井斜及斜井段的长度增加而增加，提高携砂和悬浮能力，短起下钻破坏钻屑床后，可打入稠塞进行洗井。

③ 钻井液黏度维持在 55～80s。维持 API 滤失量 3～4mL。

④ 尽量使用目数更高的振动筛筛布，保持钻井液中低固相含量；除砂器除泥器使用 200 目以上筛布，使用率 100%。此井段由于形成的岩屑床被反复研磨，产生较多的细颗粒固相，应增加离心机的使用时间。

6.4.2.3　三开钻井液技术措施

（1）三开钻井液维护思路及要点。

钻井液体系：高性能胺基钻井液体系。

维护处理关键：强封堵性；良好的流变性能，润滑性能；油气层保护。

（2）三开钻井液配方。

0.1%～0.2%NaOH+1%～1.5% 改性淀粉 +0.5%～1%PAC-LV+0～0.1%GWIN-AMAC+0.3%～0.5% 聚胺抑制剂 +0.3%～0.5%XC+6%～7%KCl+2%～3% 液体封堵润滑剂 HY-268（或白沥青）+2%～3%Bloca+3%～5% 无荧光润滑剂 RH-8501。

（3）三开钻井液维护。

① 根据钻井设计，维持合理的钻井液密度。

② 调整钻井液流变性能，维持适当的动塑比和低剪切速率黏度，提高携砂和悬浮能力，短起下钻破坏钻屑床后，打入稠塞进行洗井。

③ 钻井液中加入 2%～3%Bloca 和 2%～3%HY-268 或白沥青等封堵造壁材料，保护油气层。

④ 配制胶液维护钻井液性能，胶液配方：0.1%～0.2%NaOH+1%～1.5% 改性淀粉 +0.5%～1%PAC-LV+0～0.1%GWIN-AMAC+0.3%～0.5% 聚胺抑制剂 +0.3%～0.5%XC+6%～7%KCl+1%～1.5% 白沥青，钻井液黏度维持在 50～70s，API 滤失量 < 4mL。

⑤ HY-268 加量 2%～3%，RH-8501 加量 3%～5%，维持钻井液良好的润滑性能，滑动钻进时如托压严重可根据需要打入 Graphite 段塞。

⑥ 调整钻井液流变性能，维持尽可能高的动塑比和低剪切速率黏度，提高携砂和悬浮能力，短起下钻破坏钻屑床后，可打入稀稠塞进行洗井。

⑦ 使用不低于 140 目的振动筛筛布，保持钻井液低固相含量；除砂器除泥器使用 200 目以上筛布，使用率 100%。此井段由于形成的岩屑床被反复研磨，产生较多的细颗粒固相，因此应增加离心机的使用时间。

6.4.2.4 完井技术措施

（1）完钻前、后措施。

完钻前 50～100m 将循环罐钻井液体积补充到最大，为多次起下钻预留够用的泥浆量，并调整钻井液性能稳定，完井阶段避免大量补充胶液和新浆。

完钻后，按正常钻进时参数循环 3～4 周，至振动筛无砂后，根据需要打稠塞或中稠塞彻底清洁井眼后循环一个迟到时间后起钻。

（2）电测前通井及下套管前通井措施。

通井下钻到底，开泵正常后，当环空返速高于 0.7m/s 后，转速不低于 90r/min 循环 3～4 个迟到时间后，泵入 1.50g/cm³ 左右、滴流的重稠塞清洁井眼，稠浆返出后继续循环 1～2 个迟到时间，降低转速到 70r/min，循环至振动筛无砂，打润滑封闭液（循环期间若有条件在 6 号和 5B 罐配制润滑剂封闭浆，密度不低于井浆密度）。打润滑封闭液时使用正常通井排量或略低，转速 90～100r/min，封闭造斜点以下井段，计算好替浆量，根据需要替浆，用 5～6m³ 重浆压水眼，替浆 1m³ 顶替地面管线内的重浆入井，确保钻具内封闭浆高度基本一致或略低于环空封闭浆高度后停泵起钻。

① 排量及转速要求。

ϕ215.9mm 井眼循环排量不低于 40L/s，确保环空返速在 1.3～1.4m/s，最高不超过 1.5m/s，下套管前最后打封闭前可以提高返速到 1.5m/s 循环一个迟到时间，顶驱转速 90～110r/min；

ϕ311mm 井眼循环排量不低于 55L/s，顶驱转速不低于 100r/min。

② 重稠塞要求：

重塞配制：用井浆或与井浆性能相近的压井液重浆加重，加入 0.25%～0.5%PAC-R 和 0.25%XCD，也可只加 0.5%PAC-R 提粘；

重塞性能指标见表 6.4.1。

表 6.4.1　重塞性能指标

井眼尺寸 （mm）	井径扩大率 （%）	井眼单位容积 （m³/m）	井筒井段 （m）	环空井段 （m）	重稠塞量 （m³）	重稠塞密度 （g/cm³）	漏斗黏度 （s）
215.9	10	0.04428	210	294	9	1.45-1.50	滴流至不流
311.2	10	0.09193	255	296	23	1.50-1.60	滴流至不流

③ 封闭液要求。

井段：定向井封闭造斜点以下井段。

体积：按照封闭井段 10% 井径扩大率计算。

电测前起钻、二开下套管前、三开下套管前封闭液配方及性能指标见表 6.4.2。

表 6.4.2　封闭液配方及性能指标

区块	Dibeilla	作业	电测前起钻封闭				FV: 60～80s, ρ: 1.20～1.22		
井斜	封闭地层	Graphite	HJN-101	RH8501	HY-268	XCD	合计	备注	
311.2mm 井眼 电缆测井	SokorSandy	3%	2.0%	3.0%	2.0%	需要	10.0%		
	斜井段其他地层	2%	2%	2.0%		需要	6.0%		
311.2mm 井眼 PCL 测井	SokorSandy	3%		3.0%	2.0%	需要	8.0%		
	斜井段其他地层	2%		2.0%	2.0%	需要	6.0%		
215.9mm 井眼	SokorSandy	3%	0%	3.0%	2.0%	需要	8.0%		
区块	Dibeilla	作业	二开下套管前封闭			FV: 60～70s, ρ: 1.20～1.22			固体润滑剂 在加重仓通 过漏斗加入 充分分散后 混入封闭浆
井斜	封闭井段	Graphite	HJN-101	RH8501	合计	备注			
井斜≤ 30°	造斜点 -30°的 井段	1.0%	1.0%	2.0%	4.0%	固体润滑剂在加 重仓通过漏斗加 入充分分散后混 入封闭浆			
30°<井斜 ≤ 40°	井斜 30°～40°的 井段	1.5%	2.0%	2.0%	5.5%				
井斜＞40°	井斜≥ 40°的井段	2.0%	3.0%	3.0%	8.0%				
区块	Dibeilla	作业	三开下套管前封闭			FV: 60～70s, ρ: 1.20～1.22			
井斜	封闭井段	Graphite	HJN-101	RH8501	合计	备注			
水平段	全裸眼井段	2.0%	2.0%	2.0%	6.0%	同二开			

注：封闭液中材料可根据测井要求，适当做出调整。

（3）固井施工钻井液要求。

按照固井方要求，调整并维持钻井液性能稳定，满足施工要求。固井前循环排量不宜过大、因套管与井壁之间环空间隙小，钻井液上返的冲蚀作用影响较大，套管环空雷诺数不高于 2400，否则容易引发井壁冲塌。环空上返速度不宜超过 1.5m/s，二开返速 1.5m/s 循环时间不超过 30min，一般 1～1.5 个迟到时间，防止对井壁的过度冲刷造成井眼失稳。

7 水平井测井、录井

7.1 水平井测井

7.1.1 水平井测井工艺简介

水平井测井技术作为一项成熟的电缆测井工艺，在面对大斜度井、水平井、复杂井方面发挥着重要的作用。现在的水平井测井方法主要有三种：保护套式、湿接头对接式和挠性油管输送式。目前普遍应用湿接头对接方法，这一方法也是 Dibeilla N 区块应用的方法。其主要流程为：测井仪器和湿接头的快速接头连接在钻杆的底部，随同钻杆下至井内预定深度，湿接头的泵下接头由电缆通过钻具水眼下至井内预定深度，通过湿接头的泵下接头与快速接头在井下电气连接，由钻具推动井下仪器在井内运动实现测井。这种测井方法具有施工简便、安全，测井时效高，测井资料质量好等优点。但是，在下钻过程中也有仪器阻卡导致损坏的风险。

湿接头式水平井测井工具有如下几部分：

（1）泵下（母）接头：由电缆输送至井下，与"快速接头"对接，如图 7.1.1 所示。

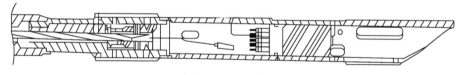

图 7.1.1 泵下接头

（2）快速（公）接头：顶部与"泵下接头"对接，底部与仪器串连接，如图 7.1.2 所示。

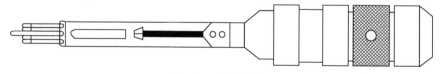

图 7.1.2 快速接头

（3）过渡短节：实现钻杆与快速接头连接，如图 7.1.3 所示。

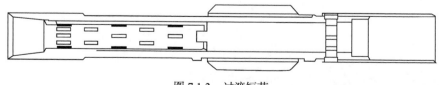

图 7.1.3 过渡短节

（4）旁通短节：实现电缆在钻杆内外转换，如图7.1.4所示。

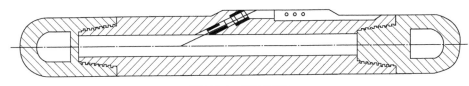

图 7.1.4　旁通短节

其他还有用于监视井下张力情况的张力短节（三参数仪器）；用于保持仪器方位、提高密度测井质量的旋转短节；使密度仪器放射性探头贴靠井壁更好的姿态保持器；压缩仪器硬连接长度、使测井仪器更容易通过狗腿度较大井眼的柔性短节；保护电缆在钻杆输送中不与套管壁发生摩擦的电缆卡子；减小测井仪器因遇阻而造成的损坏的缓冲短节等。

7.1.2　水平井测井应用情况

2022年，该区块一共完成6口井13次水平井测井施工。其中，首口井 Dibeilla NH-6 中完测井采用电缆测井加钻具输送测井的2段式测法，完成了全井段测井施工，其他5口井均只针对设计目的层进行钻具输送测井。另外，综合现场录井显示，在 Dibeilla NH-6 中完完钻进行了一次中途水平井输送测井，现场对应良好，为继续钻进提供了数据支撑。

根据统计（表7.1.1），Dibeilla N 区块水平井测井施工平均总用时约24.6h，从仪器安装完成到下到预定深度上测前平均用时12h，其中下至对接点约6.85h，湿接头对接平均用时2.5h，对接成功后下至预定深度约2.65h。这是由于下钻风险较高，中完裸眼段较长，因此下钻用时占比较大。中完平均用时24.38h与完井测井平均用时25.25h相近，是由于完井套管较长，在套管中下钻速度要更快一些，因此下钻到底用时分别为12.08h和12.00h。测井用时跟测井井段和测井深度不成正相关，主要是受井况影响，导致起下速度不一致。安装工具对接的时间也受对接深度、循环时间等综合影响。

表 7.1.1　Dibeilla N 区块水平井测井用时统计

井名	测量井段（m）	总用时（h）	下钻到底用时（h）	下钻用时（h）	工具安装对接用时（h）	下测到底用时（h）
D6 中完	1433~1862	24.25	11.75	6.00	3.50	2.25
D6 完井	1794~2233	24.00	10.00	6.50	1.00	2.50
D8 中完	1433~1998	21.50	10.75	6.75	2.25	1.75
D8 完井	2000~2575	25.5	13.75	8.00	2.50	3.25
D10 中完	1378~1915	24.25	11.50	6.25	2.00	3.25
D10 完井	1918~2341	26.00	11.50	6.25	2.5	2.75
D1 中完	1467~1994	26.5	13.25	8.25	2.00	3.00
D1 完井	1747~2390	26.5	12.25	6.75	3.00	2.75
D3 中完	1439~2013	26.5	13.25	7.00	2.50	3.75

续表

井名	测量井段（m）	总用时（h）	下钻到底用时（h）	下钻用时（h）	工具安装对接用时（h）	下测到底用时（h）
D3 完井	1890～2406	25.5	12.75	7.00	3.00	2.75
D9 中途	1212～1752	22.25	11.25	6.25	2.5	2.5
D9 中完	1545～1907	23.25	12.00	7.25	3.00	1.75
D9 完井	1747～2209	24.00	11.50	6.75	2.5	2.25

注：井名仅为代号。

7.1.3 Dibeilla N 区块水平井测井应用总结

水平井开发工艺是一项非常成熟的工艺，在国内外大量应用。同时也配套了成熟的测井工艺，在此次的 Dibeilla N 区块水平井作业中，各相关单位通力配合，尼日尔作业区测井项目现场科学谋划、精心组织施工作业、不断优化施工方案和全过程控制的管控工作，Dibeilla N 区块的水平井钻具传输测井施工均得以顺利完成，同时获得了更加成熟的经验，为以后的大规模应用奠定了坚实的经验。

在保证施工质量的同时，尼日尔作业区 Agadem 测井项目配合项目公司对区块水平井测井作业的过程进行深入总结、做好资料质量控制，充分保证详尽、真实、准确地录取地层信息，获取充分的岩石物理资料，为下一步开发提供有力的技术支撑。

7.2 水平井录井

尼日尔地区水平井目前采用三开井身结构，采用的录井技术是综合录井，主要包括工程参数录井、气测录井、钻时录井和岩屑录井。钻穿导管（下深 30m）后开始工程参数录井和钻时录井，钻穿表层套管（下深约 550～600m）后开始岩屑录井和气测录井，在 E5 顶之上 30m（垂深）起钻下入 MWD 或 LWD 仪器。下入 MWD 或 LWD 仪器前，地层对比和靶点预测均只能依靠录井数据；下入仪器后，对于地层和岩性的识别，要结合录井数据和随钻曲线综合考虑。

7.2.1 工程参数录井

7.2.1.1 工程录井细则

新井初始化：在进行一口新井的正式录井前，综合录井仪实时采集系统应进行新井实时采集系统数据库及其相关数据库的数据初始化。

钻进时实时监测：监测内容包括但不限于以下参数，即大钩负荷、钻压、大钩高度、立管压力、套管钻进时工程参数实时压力、泵冲、转速、扭矩、相对流量、灌浆罐、总池体积、体积变化量、各池体积、进出口温度、进出口电导率、进出口密度。钻进时地质参数实时监测内容包括但不限于以下参数，即 TG（全烃）、C1、C2、C3、$iC4$、$nC4$、$iC5$、$nC5$、硫化氢、二氧化碳。

起下钻实时监测：起下钻实时监测内容包括但不限于以下参数的监测，即大钩高度、大钩负荷、泵冲、灌浆罐、总池体积、体积变化量、出口流量、超拉、遇阻。起下钻时要进行坐岗观察，并填写坐岗观察记录，记录间隔为每 1 柱钻铤与每 3 柱钻杆记录一次；若起下钻 1 柱钻铤或 5 柱钻杆时间超过半小时，应每半小时记录一次；遇溢流、井涌等复杂情况要及时报告并起动应急预案，并加密记录。

井深校验：井深计算从转盘面计算。每钻完一个立柱和交接班时，要进行一次井深校对，一个立柱井深误差要小于 0.2m。每开次完钻时和钻井队工程师共同丈量方入，确认完钻井深。

传感器日常校验：钻井液温度、密度、泵冲、转速每班至少实测一次，大钩负荷、立管压力、套管压力、扭矩、钻压要加密校验，当仪器采集值与实测值的误差超过规定范围时，应及时对相关参数进行校验。传感器误差范围按地质设计和合同要求执行，如无明确要求，按公司要求执行。

除井喷、井漏等无法测量井段外，目的层和异常井段不允许有漏测工程数据。仪器发生故障或供电不正常时，必须立即停钻，故障排除，待正常后方可钻进。

7.2.1.2 工程参数异常报告

遇到以下异常情况之一应进行及时通知司钻及相关人员，并进行工程参数异常预报。

（1）钻时突然增大或突然减小；

（2）钻压突然增大、大幅度波动、突然减小并伴有井深跳进；

（3）排除钻压影响后，大钩负荷突然增加或减少；

（4）扭矩突然增加或大幅度波动；

（5）转速大幅度无规则波动或突然减小甚至不转；

（6）立管压力逐渐减少 0.5～1.0MPa 或突然增大、减小 2MPa 以上；

（7）钻井液总体积在 10min 内变化 2.0m³ 以上；

（8）钻井液密度变化超过 $0.04g/cm^3$；

（9）钻井液电导率突然大幅度变化；

（10）钻井液出口温度突然大幅度变化或进出口温度差值逐渐增大；

（11）钻井液出口流量突然变化。

7.2.2 气测录井

7.2.2.1 气测录井细则

气测曲线标定的气体种类和浓度：全烃检测，C1（甲烷），浓度为 0.1%、1%、10%、

100%；组分检测，C1（甲烷）、C2（乙烷）、C3（丙烷）、iC4（异丁烷）、nC4（正丁烷）、iC5（异戊烷）、nC5（正戊烷），浓度为 0.1%、1%、10% 混合气样；二氧化碳检测仪：CO_2（二氧化碳），浓度为 50% 或 100%。

气测曲线的标定：进行工作曲线标定时，仪器至少应稳定运行 2~4h 以上；标定应按全烃→烃组分→非烃组分的顺序连续完成，中途不得更换操作人员；每种标定气样应由低浓度到高浓度逐一标定；全烃、烃组分和二氧化碳采用球胆配样，每个浓度点一次配样以 1000mL 为基准。标定完一种气样的系列浓度后，应用相应浓度气样对工作曲线校验，若校对工作点的重复性误差≥5%，应按规定的系列浓度重新标定。

工作曲线标定的周期：设备搬迁至新井后，开钻之前；重复性误差大于 5% 时；维护检修或更换色谱仪部件；调整分析仪的技术条件，如样品气流速、空气流速、氢气流速、仪器工作温度导致测量性能发生改变时。

硫化氢工作曲线标定：当重复性误差>5% 或更换传感器时，应至少采用 3 点（0ppm、10ppm、20ppm、50ppm、100ppm），在 5 个浓度中选取 3 个标定硫化氢传感器的工作曲线。

气路气密性检查：每次起下钻的下钻到底之前，应从脱气器入气口注入 1% 的标准混合气样检查脱气器、管线和气路的密封性；录井过程中，如果岩屑有显示而气测无异常时，应从脱气器入气口进 1% 的标准混合气样检查脱气器、管线和气路的密封性。

后效测量：后效测量应从开始录井到录井任务结束前的最后一次下钻。每次下钻循环时后效测量，且应符合以下规定：测量时间应不少于钻井液循环一周时间；每次后效测量数据至少应记录三点数据（开始、一般或高峰、结束）；形成后效记录表，及时通知监督、工程师及相关人员。

录井过程中应始终保证色谱处于良好运行状态，气测曲线不稳或发生漂移时，应结合其他资料迅速查明原因，排除假象。原因不明时应停钻，恢复正常后方可继续钻进。

7.2.2.2　气测异常报告

有以下情况之一应及时报告现场相关地质人员，并进行气体参数异常判断和解释评价：

（1）全烃值高于背景值 3 倍；

（2）油气上窜速度超过规定范围；

（3）出现硫化氢。

7.2.3　岩屑录井

7.2.3.1　岩屑采集

钻井过程中保持钻井参数相对稳定，钻井液性能要利于保护岩屑录井质量。

在振动筛处捞取岩屑，应在振动筛前放置一块长 × 宽 × 高约为 40cm×40cm×7cm

的岩屑盒接岩屑。

岩屑应按规定间距从开始录井井深逐包捞取到结束录井井深，岩屑捞取间距应符合钻井地质设计的岩屑录井间距，现场地质监督有权在设计范围内更改录井间距和捞砂井段。

按照岩屑迟到时间准时捞取岩屑，捞取岩屑应采用垂直切捞法在挡板前或岩屑接样板上捞取。清洗捞取的湿岩屑时，应用清水并轻轻搅动，尽量保持岩屑的原面貌。清洗时应注意观察有无油气显示。清洗干净的岩屑，小样装在砂样盘中放在仪器房供地质师和地质监督人员观察，大样放置在室外砂样台上自然风干，大、小样都要标识好井深。

每次下钻到底开始录井前和每次捞取岩屑后应及时清理岩屑盒内的剩余岩屑。每次起钻前应捞取井底的岩屑，并与下钻后按设计岩屑录井间距第一次捞取的岩屑合并成一包。每包岩屑质量应不少于1000g。

岩屑根据地质设计要求妥善保管，防止丢失、乱倒、污染、水浸、雨淋。目前水平井岩屑均不要求上交，在地质监督人员将录井岩屑剖面和测井结果对比后，得到地质监督人员指令后，可按规定在现场进行处理。

7.2.3.2 岩屑描述

岩屑描述必须以岩屑实物为依据，应在岩屑捞取后及时进行。当前尼日尔岩屑描述采用 CNPCNP 标准。

（1）岩屑描述的方法。

大段摊开，分段描述；远看颜色，近查岩性；干湿结合，去伪存真，挑选真岩屑；对照粒度卡和比色本，确定颜色和粒度；参考钻时、气测、随钻伽马和电阻等，逐包复核真岩屑岩性，分层定名。

（2）粒径和岩性的对应关系见表 7.2.1。

表 7.2.1　粒径和岩性的对应关系

粒径	岩性	粒径	岩性
>256mm	巨砾	$\frac{1}{4} \sim \frac{1}{2}$ mm	中砂
64～256mm	粗砾	$\frac{1}{8} \sim \frac{1}{4}$ mm	细砂
4～64mm	中砾	$\frac{1}{16} \sim \frac{1}{8}$ mm	粉细砂
2～4mm	细砾	$\frac{1}{256} \sim \frac{1}{16}$ mm	粉砂
1～2mm	砂砾	$< \frac{1}{256}$ mm	泥
$\frac{1}{2} \sim 1$mm	粗砂		

（3）百分含量的范围见表 7.2.2。

表 7.2.2　百分含量的范围

稀少	<1%	普遍	25%～50%
少量	1%～3%	大量	50%～75%
偶见	3%～10%	丰富	>75%
中等	10%～25%		

（4）岩屑描述的内容和顺序。

尼日尔水平井常见岩性为：砂岩、泥岩、页岩、灰岩、碳质泥岩。

砂岩描述的内容和顺序为：岩性，颜色（描述主要颜色），硬度，粒径，磨圆，分选，矿物成分，基质，胶结物，附属矿物，孔隙度，油气显示情况。

粉砂岩描述的内容和顺序为：岩性，颜色（描述主要颜色），硬度，岩屑形状，岩屑表面特征，胶结物和胶结成分，附属矿物，孔隙度，油气显示情况。

灰岩描述的内容和顺序为：岩性，颜色（描述主要颜色），硬度，形状，颗粒大小，结晶程度，颗粒形状，化石及含有物，附属矿物，胶结程度，结构，孔隙度，含油显示情况。

泥岩描述的内容和顺序为：岩性，颜色（描述主要颜色），硬度，岩屑的黏性，形状，含砂情况，附属矿物，化石，造浆，特殊含油物。

（5）含油岩屑描述的内容和顺序。

在显微镜下观察岩屑残余油：描述百分含量和残余油油污的颜色；

在荧光灯下进行岩屑直照描述：描述百分含量、荧光灯直照下含油显示的分布状态，荧光亮度和颜色；

在荧光灯下进行岩屑滴照描述：描述百分含量、用氯仿滴照含油荧光的扩散速度、扩散形状、荧光亮度和颜色；

对滴照后滤纸上的残余油在自然光下描述：描述百分含量和残余油颜色。

7.2.4　迟到时间

岩屑从井底返至井口的时间通常指岩屑迟到时间，迟到时间分为理论迟到时间和实测迟到时间。

7.2.4.1　理论迟到时间

理论迟到时间的计算

$$t = \frac{\pi\left(D^2 - d^2\right)H}{4Q}$$

式中：t 为某一井深的上返时间，min；D 为钻头直径，m；d 为钻具外径，m；H 为井深，m；Q 为排量，m³/min。

7.2.4.2 实测迟到时间

按要求测准岩屑迟到时间，能确保岩屑的代表性及真实性。

目前尼日尔水平井迟到时间都采用实测迟到时间，根据要求进入录井段后每 200m 要实测迟到时间，进入录井段前或者进入目的层前 50～100m 需实测迟到时间，进入目的层后，由地质监督人员根据地层对比情况决定是否进行实测迟到时间。钻进过程中随时注意排量的变化，修正迟到时间。长时间停钻或者换钻头钻进后，均应及时测量迟到时间。当钻遇钻时变化特别突出的岩层时，岩性特征又很明显，应及时捞屑以校正所用的迟到时间。

实测迟到时间时，要求使用电石。实测迟到时间期间，要保证泵压、排量、泵速稳定，不得中途停泵，以免影响实测效果。

7.2.4.3 实测迟到时间的计算

测量迟到时间时，记下投入白瓷块后开启钻井液泵的时间，然后在井口钻井液出口处或振动筛处密切注意并记下白瓷块开始返出的时间，这两个时间差就是实物循环一周需要的时间（$t_{循}$），它包括了实物沿钻杆下行到井底的时间（t_0）和从井底通过钻杆外环形空间返出井口的时间（t）。

$$t_{实}=t_{循}-t_0$$

式中：$t_{实}$ 为某一井深时测量物实际上返时间（即迟到时间）；$t_{循}$ 为某一井深时测量物投入后开泵，至测量物返出井口时循环一周的时间。

经验公式：$t_{岩屑}=t_{钻井液}+t_0$

泵量变化时迟到时间的换算：

$$t_{现}=t_{原}Q_{原}/Q_{现}$$

式中：$t_{现}$ 为泵量变化时新的迟到时间，min；$t_{原}$ 为上次实测迟到时间，min；$Q_{原}$ 为上次实测迟到时间的排量，m³/min；$Q_{现}$ 为泵量变化后的排量，m³/min。

7.2.5 难点和建议

目前水平井录井的难点在于当井斜超过 45°后，特别是在水平段钻进过程中，影响岩屑上返的因素较多，造成岩屑失真、滞后严重。岩屑定名不能只依靠岩屑，要综合考虑工程参数、气测数据、随钻伽马和电阻，确保岩性定名准确。

在水平井的钻进过程中，由于工程需要，会经常改变钻进参数和停开泵，对气测和迟到时间影响较大，建议尽量维持较稳定的工程参数，录井操作员要关注出口流量液面的变化，及时根据液面高度调整电脱位置，取准气测数据。

8 固井技术

8.1 套管程序

导管下深30m，水泥返至地面；表层套管下深640m，水泥返至地面；技术套管下深2072m，水泥要求返至E5以上500m，建议返至SokorSandy以上500m。套管程序见表8.1.1，套管结构如图8.1.1所示。

表 8.1.1 套管程序

序号	井段	井眼尺寸（mm）	井段（m）		套管尺寸（mm）	套管下深（m）		水泥封固段（m）
			自	至		自	至	
1	导管	609.6	9	30	508	0	30	0～30
2	表层	444.5	30	640	339.7	0	640	0～640
3	技套	311.1	640	2072	244.5	0	2072	919～2072

注：技套水泥要求返至E5以上500m，建议返至SokorSandy以上500m。

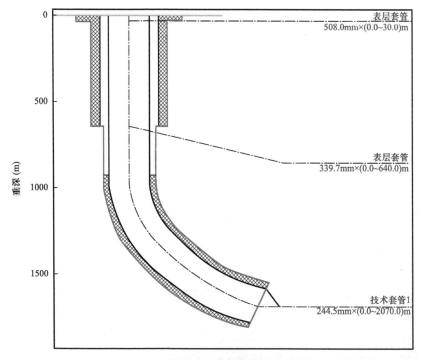

图 8.1.1 套管结构

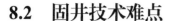

8.2 固井技术难点

8.2.1 ϕ339.7mm 表层固井技术难点

（1）上部地层压力系数低，易漏失造成水泥浆低返。

（2）套管内径大，水泥浆在套管内易混窜。

8.2.2 ϕ244.5mm 技套固井技术难点

（1）本井段二次增斜，造成大井斜段套管安全下入难度大，居中困难，顶替效率难以保证，影响固井质量。

（2）套管尺寸大，井径不规则（井眼易出现"大肚子""糖葫芦"等），固井施工过程中易发生混窜，影响顶替效率。

（3）对水泥环的胶结质量及长期密封性要求高。

8.3 水泥浆体系优选与性能优化

为提高 Agadem 区块油层套管固井封固质量，进行水泥浆体系的优化，提出一套微膨胀水泥浆体系。

8.3.1 增韧剂优选

8.3.1.1 概述

增韧剂 GWT-300S 是一种聚合物柔性防窜增韧的外加剂，通过在水泥浆中引入高分子柔性聚合物，形成抑制渗透的柔性聚合物薄膜，当受到外部冲击时可以分散一定的应力，增加了水泥石的变形能力，从而改善了水泥石的韧性。增韧剂适用于小井眼井、侧钻井、分支井、水平井、高压油气井等复杂井的固井。

8.3.1.2 组分

增韧水泥浆体系主要由水泥、增韧剂和其他功能外加剂组成。其他功能外加剂主要包括降失水剂、密度调节剂、调凝剂、减阻剂、消泡剂以及其他外加剂，如表 8.3.1 所示。

8.3.1.3 性能特点

（1）改善水泥石力学性能。

普通水泥是一种多相、非均质体系，内部结构上存在着大量的空隙和微孔道，宏观表现为脆性，极限应变较小、抗冲击性能差。该水泥浆体系中的柔性聚合物，具有一定的弹性和伸缩性，弹性模量比水泥低，掺入水泥浆中可使水泥石弹性模量有一定程度的降低。另一方面，GWT-300S 掺入到水泥浆中后，可以均匀分散于水泥浆中，并形成连续的薄膜，附着在水泥水化物表面，当受到外部冲击时可以分散一定的应力，增加了水泥石的变形能力，从而改善了水泥石的韧性，增韧水泥浆力学性能试验结果见表 8.3.2。

表 8.3.1　其他功能外加剂

调节剂	种类
降失水剂	BXF-200L、GWF-01S
密度调节剂	减轻剂、加重剂
调凝剂	GWR、BXR 系列等
减阻剂	CF-40L、CF-40S、GWD-1S
消泡剂	GWX-1L、G603
其他外加剂	其他外加剂

表 8.3.2　增韧水泥浆力学性能试验结果

序号	GWT-300S 掺（%BWOC）	围压 0MPa			围压 10MPa		
		峰值强度（MPa）	弹性模量（GPa）	弹性模量降低率（%）	峰值强度（MPa）	弹性模量（GPa）	弹性模量降低率（%）
1	0.00	64.02	9.05	0.00	75.69	9.46	0.00
2	4.50	59.08	8.46	6.43	75.26	8.96	5.29
3	7.50	49.91	7.52	16.91	66.61	8.31	12.16
4	15.00	41.21	6.66	26.41	58.49	7.44	21.35
5	30.00	27.83	4.68	48.29	42.82	6.01	36.47

注：水泥石养护条件 80℃、15MPa 下养护 7 天。

（2）具有一定膨胀作用。

增韧剂本身为高分子柔性聚合物，掺入水泥浆后，在水泥水化过程中，分散到水泥水化产物表面，吸水溶胀，聚合成膜，使得水泥石本身表现为体积膨胀，线性膨胀率测试结果见表 8.3.3。

表 8.3.3　线性膨胀率测试结果

序号	GWT-300S 掺量（%BWOC）	膨胀量（%）（75℃，常压，24h）
1	0	0.010
2	2	0.035
3	4	0.070
4	6	0.120

8.3.1.4 配方设计

（1）掺量。

对于常规密度（1.90g/cm³）水泥浆 GWT-300S 掺量在 3.0%～6.0% BWOC 之间，降失水剂为 GWF-01S，掺量在 2.0%～2.5% BWOC 之间。

（2）温度。

温度 50～120℃之间可以用 BXR-200L 等缓凝剂调节稠化时间，根据水泥浆的稀稠情况添加 GWD-100S、CF-40L 等分散剂。

（3）典型的常规密度水泥浆基础配方见表 8.3.4。

表 8.3.4　典型的常规密度水泥浆基础配方

G 级水泥	GWT-300S	GWF-01S	H₂O	G603
100	3.0～6.0	1.0～2.5	44～46	0.1

（4）增韧水泥浆综合性能试验结果见表 8.3.5。

表 8.3.5　增韧水泥浆综合性能试验

实验	温度（℃）	50	70	70	90	90	120	120	150
水泥浆材料	水泥浆	100	100	100	100	100	100	100	100
	GWY-500S	—	—	—	—	—	35	35	35
	GWT-300S	3.0	4.5	4.5	4.5	4.5	6.0	6.0	6.0
	GWF-01S	1.5	1.5	1.5	1.5	1.5	2.0	2.0	2.5
	GWR-200L	—	—	0.1	0.2	0.4	1.5	—	—
	BXR-200L	—	—	—	—	—	—	1.5	—
	BCR-300L	—	—	—	—	—	—	—	1.5
	G603	0.04	0.04	0.04	0.04	0.04	0.05	0.05	0.05
	H₂O	44	44	44	44	44	59.4	59.4	59.4
水泥浆综合性能	密度（g/cm³）	1.90	1.90	1.90	1.90	1.90	1.90	1.90	1.90
	初始稠度（Bc）	20	15	21	18	17	20	18	15
	稠化时间（min）	120	84	114	211	284	176	202	342
	失水量（mL）	45	46	—	48	—	44	—	46
	游离液（%）	0	0	0	0	0	0	0	0
	抗压强度 24H（MPa）	26	—	26.7	—	24.5	—	35.0	—

8.3.2 膨胀剂优选

膨胀剂可分为晶体膨胀剂、发气膨胀剂、有机膨胀剂和复合膨胀剂等，如图 8.3.1 所示。国内外主要应用晶体膨胀剂。

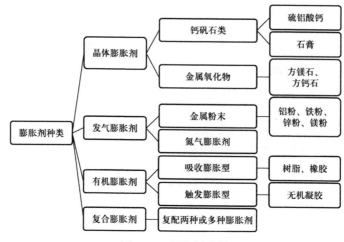

图 8.3.1 膨胀剂种类

膨胀剂 GWP-100S 是一种减小水泥浆在固化阶段和硬化阶段体积收缩的外加剂。膨胀剂可以使水泥浆在固化时产生体积膨胀，克服水泥各组分水化后体系体积收缩的缺点，提高界面胶结质量，减少窜流发生，保证了固井质量。

对膨胀剂的膨胀率和抗压强度进行评价，实验配方编号见表 8.3.6，评价结果见表 8.3.7。

表 8.3.6 膨胀水泥浆体系配方编号

序号	配方
1#	500gG 水泥 +44% 水 +5% 降失水剂
2#	500gG 水泥 +44% 水 +2% G40L+0.5% 分散剂 +5% 降失水剂
3#	500gG 水泥 +44% 水 +2% EXC-3+0.5% 分散剂 +5% 降失水剂
4#	500gG 水泥 +44% 水 +2% SYP-2+0.5% 分散剂 +5% 降失水剂
5#	500gG 水泥 +44% 水 +2% SYP-3+0.5% 分散剂 +5% 降失水剂
6#	500gG 水泥 +44% 水 +2% DZP-2+0.5% 分散剂 +5% 降失水剂
7#	500gG 水泥 +44% 水 +2% BCP-1S+0.5% 分散剂 +5% 降失水剂
8#	500gG 水泥 +44% 水 +2% DSE-2S+0.5% 分散剂 +5% 降失水剂
9#	500gG 水泥 +44% 水 +2% GWP-100S+0.5% 分散剂 +5% 降失水剂
10#	500gG 水泥 +44% 水 +2% GWP-100S+5% GWT-300S+0.5% 分散剂 +5% 降失水剂

表 8.3.7 膨胀水泥浆体系性能

配方	塑性体膨胀率 （75℃/0.1MPa） （%）	硬化体膨胀率 [75℃/（0.1MPa·48h）] （%）	相对膨胀率 [75℃/（21MPa·48h）] （%）	稠化时间 （75℃/21MPa） （min）	24h抗压强度 （75℃/21MPa） （MPa）	游离液 （%）
1#	−2.75	−4.11	−3.64（净浆）	72	25	2.6
2#	0.82	0.62	2.23	58	22.5	0.4
3#	0.85	0.79	1.85	65	24.5	0.4
4#	0.91	0.66	1.95	82	24.9	0.6
5#	0.65	0.69	1.91	55	20	0.2
6#	0.97	0.88	3.17	62	25.2	0.6
7#	0.94	0.79	2.19	51	23.8	0.6
8#	1.05	0.30	2.09	79	22.7	0.6
9#	—	0.84	3.83	85	16.3	0
10#	—	0.87	3.95	69	19.4	0

选用 GWP-100S 膨胀剂为非发气、非钙矾石类晶体膨胀材料，以特选的多种非金属矿物，经过特殊的物理化学方法活化而制成，添加了有机物单体使其形成多膨胀源水泥浆体系。在塑性状态下，膨胀剂中的高反应活性组分首先与水泥的水化产物反应，并形成相对受限的水化环境，使得水泥浆产生塑性体积膨胀。在水泥浆硬化后，反应活性较低的组分则起主要膨胀作用，其膨胀驱动力来自膨胀性组分反应产物的晶体生长压，即晶体尺寸大小随反应时间延长而增大，从而导致水泥石的体积膨胀。膨胀剂中有机物单体能够在水泥浆水化环境中产生的膨胀，加强了水泥浆的塑性膨胀，在水泥浆硬化后，反应活性较低的组分与有机物单体共同作用，与水泥浆水化反应同步进行，避免了由于膨胀剂水化产生的应力破坏水泥石已形成的结构。

选用非发气、晶体生长的膨胀材料 GWP-100S 作为膨胀剂，以先前研究使用的水泥浆体系为基础，通过改变膨胀剂加量来考察对水泥浆性能的影响，根据实验得到的结果并考虑过度的膨胀量对套管和水泥环体的破坏，推荐膨胀剂的加量范围 2.0%～3.0%，优选加量为 2.0%。

8.3.3 韧性微膨胀水泥浆体系综合性能评价

对 Agadem 区块油层套管水泥浆体系进行优化，形成了适用于 Sokor 储层的体系，其配方及性能参数见表 8.3.8。

表8.3.8 Agadem区块油层套管水泥浆体系优化

作业类别	循环温度（℃）	水泥浆配方	密度（g/cm³）	气窜量（验窜压差400psi）（m³）	稠化时间（50Bc/100Bc）（min）	游离液（%）	24h膨胀率（%）
油层	85	100% G级+1.38% GWF-01S+1% GWP-100S+0.3% CF-40L+0.25% GWX-1L+44%水	1.90	0	195/208	0	1.05
	75	100% G级+1.38% GWF-01S+1% GWP-100S+2.5% GWA-1L（或5% CA-901L）+0.1% CF-40L+0.25% GWX-1L+41.5%水	1.90	0	76/85	0	0.95
	65	100% G级+1.38% GWF-01S+4% GWA-1L（或5% CA-901L）+1% GWP-100S+0.1% CF-40L+0.25% GWX-1L+40%水	1.90	0	65/79	0	0.75

8.4 固井方案

Agadem区块Dibeilla油区6口水平井，其井身结构基本相同，本固井方案以Dibeilla NH-3为参考，进行设计。三开水平段下入筛管完井，不固井。

8.4.1 各开次固井钻井液性能要求

各开次固井钻井液性能要求见表8.4.1。

表8.4.1 各开次固井钻井液性能要求

井眼（mm）	层位	钻井液体系	钻井液密度（g/cm³）
609.6	Recenet	PHB	1.06~1.10
444.5	Recenet	PHB	1.10~1.25
311.1	Sokor shale Low velocity Sokor sandy E1 E5	ABM	1.25~1.35

8.4.2 ϕ508mm 导管固井

8.4.2.1 套管串结构

套管组合：ϕ508mm套管串。

8.4.2.2 固井工艺

循环头固井，水泥浆返地面。

8.4.2.3 施工参数

ϕ508mm 导管固井施工参数见表 8.4.2，水泥浆量计算见表 8.4.3。

表 8.4.2 ϕ508mm 导管固井施工参数

井深（m）	钻头尺寸（mm）	套管下深（m）	套管尺寸（mm）	壁厚（mm）
30	609.6	30	508	12.7

表 8.4.3 水泥浆量计算

单位环容（L/m）	理论水泥浆量（m³）	水泥浆附加量（m³）	预注水泥浆量（m³）
89	2.6	9.4	12

8.4.2.4 浆体配方及性能

ϕ508mm 导管浆体配方及性能见表 8.4.4。

表 8.4.4 ϕ508mm 导管浆体配方及性能

水泥浆配方	G 级水泥 +GWA−1L	
水泥浆性能	密度（g/cm³）	1.90
	稠化时间（min/50Bc）	120～150
	30℃抗压强度（MPa）	3.5/8h
		14/24h

8.4.3 ϕ339.7mm 表层固井

8.4.3.1 固井目的

封固上部疏松易漏地层，保证下一开安全钻进。

8.4.3.2 固井技术难点

（1）上部地层压力系数低，易漏失造成水泥浆低返。

（2）套管内径大，水泥浆在套管内易混窜。

8.4.3.3 主要技术措施

（1）通井时带扶正器进行通井，遇阻卡时短起下；清除井壁台肩及滞留滤饼，并净化泥浆，保证井眼干净、畅通。

（2）控制下套管速度，防止憋漏地层。

（3）固井后如果水泥未返到地面，井口回填水泥。

8.4.3.4　管串结构

管串结构：浮鞋 +1 根套管 + 浮箍 + 套管串。

8.4.3.5　施工参数

ϕ339.7mm 表层固井工程参数见表 8.4.5，水泥浆量见表 8.4.6，替浆量见表 8.4.7。

表 8.4.5　ϕ339.7mm 表层固井工程参数

井深（m）	上层套管下深（m）	钻头尺寸（mm）	套管下深（m）	套管尺寸（mm）	壁厚（mm）
640	30	444.5	640	339.7	10.92

表 8.4.6　水泥浆量

理论环容量（m³）	附加量（m³）	预注水泥浆量（m³）
41.2	48.8	90

注：按照区块经验值按附加。

表 8.4.7　替量计算

阻位（m）	单位内容积（L/m）	理论替量（m³）
630	79.36	49.8

8.4.3.6　浆体配方及性能

（1）前置液。

前置液体系及配方见表 8.4.8。

表 8.4.8　前置液体系及配方

前置液体系及配方	防漏型冲洗液 配方：水 +BCS-010L
密度（g/cm³）	1.02
使用长度（m）	100
使用量（m³）	8

（2）水泥浆配方及性能。

采用双凝水泥浆体系（表 8.4.9），领浆采用低密度，降低漏失风险。领浆配方：G 级 +GWE-3S+ 水；尾浆配方：G 级 + 水 +GWA-1L。

表 8.4.9 双凝水泥浆体系

水泥浆性能	领浆	尾浆
水泥浆密度（g/cm³）	1.45	1.90
温度（BHCT）（℃）	40	40
失水量（mL）	≤150	≤150
稠化时间（min/50Bc）	300～350	160～180
抗压强度（MPa）	8/24h	17.0/24h

8.4.4 φ244.5mm 技套固井

8.4.4.1 固井技术难点

（1）本井段二次增斜，造成大井斜段套管安全下入难度大，居中困难，顶替效率难以保证，影响固井质量。

（2）套管尺寸大，井径不规则（井眼易出现"大肚子""糖葫芦"等），固井施工过程中易发生混窜，影响顶替效率。

（3）对水泥环的胶结质量及长期密封性要求高。

8.4.4.2 主要技术措施

（1）下套管前采用双扶（近钻头螺旋扶正器）认真通井，并在遇阻、造斜段处进行划眼并反复多次上下提放钻柱，尽量消除台阶和拐点，确保井下安全及井眼畅通，通井到底后，在井底安全的条件下大排量洗井，确保井眼畅通，无漏失、井塌，井底无沉沙。

（2）调整钻井液性能，确保压稳油层，无后效，并保证井壁稳定的前提下降低钻井液黏度。

（3）下套时控制下放速度，防止下套过程压漏地层。

（4）优化扶正器设计，第二增斜段至井底使用部分刚性扶正器，确保套管居中度大于67%。

8.4.4.3 套管串结构

管串结构：浮鞋 +2 根套管 + 浮箍 + 套管串。

扶正器加装方式见表 8.4.10。

表 8.4.10 扶正器加装方式

套管层次	扶正器尺寸（mm×mm）	井段（m）	间距（m）	扶正器种类	数量（个）
技术套管	311×244.5	1650～2070	60	刚性	6

8.4.4.4 固井施工参数

固井工程参数见表 8.4.11，水泥浆量计算见表 8.4.12，替浆量计算见表 8.4.13。

表 8.4.11 固井工程参数

井深 （m）	上层套管下深 （m）	钻头尺寸 （mm）	井径扩大率 （%）	井径 （mm）	套管下深 （m）	套管尺寸 （mm）	壁厚 （mm）
2072	640	311.1	10	342.2	2070	244.5	11.05

表 8.4.12 水泥浆量计算

理论环容量（m³）	附加量（m³）	预注水泥浆量（m³）
33.5	6.5	40.0

注：返至 E1 顶部（1919m）以上 500m。

表 8.4.13 替量计算

阻位（m）	单位内容积（L/m）	理论替量（m³）
2050	38.84	80

8.4.4.5 浆体配方及性能

（1）前置液。

前置液体系及配方见表 8.4.14。

表 8.4.14 前置液体系及配方

前置液体系	防漏型冲洗液 水 +BCS-010L
密度（g/cm³）	1.02～1.05
使用长度（m）	300
使用量（m³）	10

（2）水泥浆配方及性能。

水泥浆领浆、尾浆配方及性能见表 8.4.15。领浆配方：G 级 +G60S+G603+ 水；尾浆配方：G 级 +G60S+G603+ 水 +CA-901L。

8.4.4.6 施工流程

ϕ244.5mm 技套固井施工流程：管线试压、注冲洗液、注领浆、注尾浆、开挡销倒闸门、释放胶塞、替压塞液、大泵替泥浆、固井橇碰压、泄压检查回流（表 8.4.16）。

表 8.4.15 水泥浆配方及性能

水泥浆性能	领浆	尾浆
水泥浆密度（g/cm³）	1.80	1.90
温度（BHCT）（℃）	60	60
失水量（mL）	≤50	≤50
稠化时间（min/50Bc）	140～160	80～100
抗压强度（MPa）	>14/24h	>14.0/24h

表 8.4.16 φ244.5mm 技套固井施工流程

操作内容	工作量（m³）	密度（g/cm³）	排量（m³/min）	压力（MPa）	施工时间（min）	累计时间（min）	累计注入量（m³）
管线试压		1.00	0.1～0.2	20			
注冲洗液	10	1.02	1.0～1.2		10	10	10
注领浆	20	1.80	1.0～1.2		20	30	30
注尾浆	20	1.90	1.0～1.2		20	50	50
开挡销，倒闸门，释放胶塞					5	55	
替压塞液	2	1.02	1.0～1.2		2	57	52
大泵替泥浆	75	1.30	2.6～2.8		20	77	127
固井橇碰压	3	1.30	0.8～1.0		5	82	130
泄压，检查回流	关井候凝						

8.4.4.7 候凝时间要求

固井施工结束后，候凝 24h 后测井，测井之前禁止动套管坐卡瓦。

8.4.5 固井施工应急预案

（1）固井水罐内备足清水，沙漠车提前抵达现场，按照固井橇及沙漠车同时顶替做相关准备。

（2）现场两台台压风机同时运转，如中途发生故障，立刻启用备用压风机。同时井队气源管线接头变扣提前接好，管线连接作为备用管线。

（3）下套管过程中可能会出现遇阻、开泵困难等情况，一旦出现下套管遇阻，严禁强行下压，以免更复杂情况发生，中途循环时避开复杂井段。

（4）固井顶替过程中如出现突然起压等情况，应及时判断是否正常，如判断异常起压，可采取降低顶替排量等措施观察压力是否恢复，若排量降低到一定程度后异常高压仍无法消除，可按照设计顶替排量顶替至碰压。

（5）固井施工过程中发生井漏，井口返出减少或断流时，应降低顶替排量继续顶替。

（6）注水泥浆结束后，释放胶塞，观察胶塞指示器动作，检查挡销杆芯回缩情况，判断胶塞释放成功后，倒闸门，在通知操作手压塞。

（7）替浆中按设计最大量替完后还未碰压则立即停泵，由现场指挥小组决定下一步措施，防止胶塞损坏、替浆过量造成替空。顶替过程中，掐水柜，测量固井水罐液面下降高度。考虑到泵效高低、上水好坏等因素，顶替到理论量后未能碰压，可根据压力、泵效、泥浆罐液面下降等情况综合判断是否多替及具体替量。

（8）顶替期间密切观察压力上涨情况，一旦出现压力不涨或下降，则停止顶替。替浆中出现高泵压，判断是否由于环空间隙小砂堵造成的高泵压，还是由于水泥浆出现闪凝现象造成的高泵压。替浆时坚持大、小排量交替顶替，如泵压超过预期泵压时还无法顶替应及时向现场领导小组汇报，采取措施，防止造成重大事故。

9 完井技术

9.1 完井方式优选

9.1.1 油井产量的影响

油气层出水的情况发生在油气层与下部的水层大面积接触，由于采油的过程中，从油气层抽取油气的同时造成油气层内的压力变化，当油气层内的压力变量达到了一定值时，油气层内部压力亏欠，与之接触的下部水层会补充油气层内亏欠的压力，当水层液体伴随着油气进入管套环空时，造成油气层裂缝发生物理变化，破坏油气层孔隙度等，从而导致采油生产油气含水率增高，油气采收率降低。目前尼日尔项目一期进入开发中期，亦进入中等含水期，加密井无水或低含水采油期较短，合采易导致层间干扰，后期找水、堵水、治水费用高；逐层上返会导致换层周期缩短，增加费用。

9.1.2 产出水处理压力越来越大

目前，尼日尔项目一期油田注水工艺未完全开展，随着后期油井产出水越来越多，地面水量会越来越大，加大了地面对水处理的费用，不仅增加了设备，而且增加了处理水的费用。在电费、作业费涨价等因素的共同影响下，大大增加了一期油田的经济投入，降低了油田开发的经济效益。

9.1.3 设备及作业费用的影响

随着油井含水率不断增高，对油井举升设备造成一定影响，含水率增高到一定程度，需要封堵高含水油层，增加了单井的修井费用。

Agadem 油田处于沙漠腹地，降雨量小，风沙大，地面植被稀少，地表沙质松软，地面沙丘起伏（图 9.1.1），在运输过程中对车辆有所损耗，轮胎磨损严重，轮胎变形不够，易陷入沙地，车辆动力扭矩大，风沙天气严重影响发动机效率，这些都给运输带来了极大的困难，大大增加了油井的修井费用。

9.1.4 调流控水工艺

调流控水工艺技术是针对油井产液不均衡而发展起来的控水技术，油井调流控水筛管完井技术分别在冀东、大港、胜利、塔河等油田得到了试验和采用，达到了很好的效果。

国外较多大型石油技术类服务公司将完井参数优化设计方法作为油井调流控水筛管完井技术体系中的一种核心技术。

图 9.1.1　Agadem 油田运输情况

9.2　调流控水工具

9.2.1　调流控水工艺技术研究

Agadem 油田采用逐层上返、层间接替的开发策略，取得了较好的开发效果。构造高部位油层，无水或低含水采油期高达 2～3 年，开发效果好；但构造低部位和边部，无水或低含水采油期短，含水上升速度快，甚至快速水窜，换层或堵水工作量上升增加开发费用。目前 Agadem 油田进入开发中期，也进入中等含水期，加密井无水或低含水采油期较短，合采会导致层间干扰，后期找水、堵水、治水费用高；逐层上返会导致换层周期缩短，增加费用。

随着 Agadem 油田开发的不断进行，由于油藏地层的非均质性，渗透率的差异以及沿流动方向上的压力降等因素造成油井产液不均衡，油井含水迅速上升，降低油层采收率。因此解决油井产液不均的问题对于改善油田开发效果具有重要意义。控水稳油和分层采油是未来开发的主旋律。

9.2.1.1　调流控水装置整体结构研究理论分析

自适应调流控水装置由基管、内嵌导流套、节流控制器、内保护盖及整体外保护套等部分组成。其中，基管主要用于连接筛管及输送流体；内嵌导流套用于导流、定位及节流控制器的固定；节流控制器是整套装置的核心部分，主要起到控水稳油的作用；内保护盖是节流控制器上盖，用于保证进入 AICD 的流体流入节流控制器；整体外保护套用于保护整套控水装置的内部结构不受井内环境的干扰，并保证由筛管内流出的流体流入自适应调流控水装置。该装置的尺寸与常规调流控水装置相同，便于现场应用。

自适应调流控水装置采用特殊几何流道设计，不含任何活动部件，其工作原理为：由于油与水的密度和黏度不同，在特殊几何流道流动时，油和水在旋流过程压力能与动能的转化过程中，能量损失不同，水的流动压降较大，而油的流动压降较小，这样起到"节流"低黏度的水、"开源"高黏度油的作用。与传统的调流控水装置相比，自适应调流控水装置具有"主动式"调流控水功能，能够根据产层产液的变化自动调整所产生的附加阻力，达到均衡产液剖面、控制底水锥进的目的。

节流控制器是自适应调流控水装置的核心部分，决定装置的控水效果，为此，进行了节流控制器对油水压力、流动速度、流线的影响研究。节流控制器主要包括入口通道、节流喷嘴、节流通道、导流通道和中心出口喷嘴。节流控制器有 2 个入口通道，主要功能是将进入控水装置的流体引入控制器；节流喷嘴利用局部摩阻效应起到进油阻水的作用；节流通道利用沿程摩阻效应起到进水阻油的作用；导流通道用来引导流体进行圆形流动；中心出口喷嘴是连接节流控制器与中心管的通道，用来将进入节流控制器中的流体引入到中心管，同时在生产压差大和流量较大时起到一定的节流作用。节流控制器的主体部分为圆形，可以促使密度相对较小的油在旋流过程中向中心流动，而密度较大的水在外侧旋转，其圆盘结构也进一步保证了整个节流控制器具有自适应调节的特点。自适应调流控水装置节流控水性能测试结果如图 9.2.1 所示。

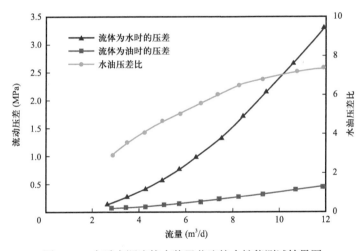

图 9.2.1　自适应调流控水装置节流控水性能测试结果图

见水前：封隔器将调流控水筛管和井壁之间的环空分隔为几个相对独立的流动单元，这样单元的流体不会窜流，调流控水筛管将各流动单元的流量控制均衡，保证油水界面比较整齐推进，延长无水产油期和无水产油量。这是调流作用。

见水后：某流动单元见水后，水无法窜到其他流动单元，调流控水筛管降低了由于水的黏度大大小于油而引起的含水率大幅度提高的问题。假若油水黏度比为100，同样条件下普通筛管中水的产量几乎是油产量的 100 倍，而调流控水筛管能将水的产量降低十几倍甚至更多，这样就大大降低了含水率，达到控水的目的，从而提高采油效率。

当自适应调流控水装置内的流体为纯油时，流动产生的流动压差始终保持在非常低的水平，随着流量增大，流动压差小幅度增加；而当通过流体为水时，流动产生的压差随流量增大而迅速增大。可见，自适应调流控水装置具有对水高敏感性而对油低敏感性的特性。采用自适应调流控水装置分段完井后，在水平井未见水前，原油流经该装置时产生一定的流动压差，通过合理配置各水平段的自适应调流控水装置参数，使各生产井段内各位置处的生产压差基本一致，从而达到沿整个生产井段自动均衡生产压差和产液剖面、延缓边底水突进、延长油井无水产油期的目的；油井见水后，自适应调流控水装置可以根据各个生产井段产液含水率的变化自动调节地层产液流经时的压差，可有效降低高含水率井段的产水量，使整个生产井段的油相入流剖面均衡，减小由于地层非均质性导致的死油区，提高产油量以及油井的最终采收率。综上所述，自适应调流控水装置不仅可以有效地调整产液入流剖面，而且能根据各井段产水率的变化自动调节压差，从而实现均衡油相入流剖面的作用。

9.2.1.2 调流控水装置结构优化研究分析

由于一般的筛管阻力较小，在高渗透段或者低渗透段消耗的压降变小，生产压差基本消耗在地层上，并且对于普通筛管来说，高渗透段流量远远大于低渗透段，造成水的流量大于油的流量，降低油层采收率。而调流控水筛管因具有调流和控水双重作用，近年来得到广泛应用。普通筛管完井在渗透率高或者低的地层，因为它的阻力小，消耗的压降也小，生产压差几乎都消耗在地层里。高渗透率段的流量远高于低渗透率段，也就是说水的流量远高于油的流量。对于普通筛管，如果把生产压差由最初的 1MPa 增加到 10MPa，无论渗透率的高低，由于筛管的阻力小，压降也较小，增加的生产压差几乎全落在地层上。调流控水筛管是一种具有防砂、调节流量功能的复合防砂筛管。通过设置不同直径和尺寸的喷嘴，以实现油井各区段液体均匀生产的目的，当流体通过喷嘴时，流体将产生不同的流动阻力，并且喷嘴可以控制大流量流体的流动，形成均匀有效的生产压差剖面及产液剖面。调流控水筛管对筛管内流体的速度很敏感。如果某分段见水或产生油水混合物中水的指进现象，流速就会上升很快，此时管内的调流喷嘴就会对这类高速流体产生阻力，从而降低该分段的产液量，达到调节流量的目的。

调流控水筛管完井时，在渗透率较低的层段地层的回压大，控水筛管上的压降小；在渗透率高的层段，地层的回压小，控水筛管上的压降大。调流控水筛管完井时，在渗透率高的层段，调流装置很大程度上控制了它的流动，而在渗透率较低的层段，调流装置几乎不限制它的流动，从而增加了低渗透率段的地层生产压差，提升采收率。同时，也可以有效控制出水量，大幅降低含水率。对于非均质油藏，调流控水筛管可以自动调节水平各段的产液量；具有防砂、控水两种作用，并且在正常生产后不必下入管内分层开采管柱，提高投资效益。调流控水筛管不仅可以有效地防砂，而且对于油井局部见水问题也起到了很好地控制作用。调流控水筛管还可以减少多层合采定向井各层之间的干扰，达到均衡产液剖面的目的，延长油田无水开采期，提高开采效果。

调流控水筛管作为油井均衡产液的节流装置，调流控水筛管喷嘴直径的大小直接影响节流效果以及采收率,而油井产液量的变化直接说明采用调流控水筛管后的调流效果。因此,优化调流控水筛管的结构,研究调流控水筛管喷嘴直径大小对节流效果的影响,分析油井产液量的大小,得出调流控水筛管最优结构参数,从而控制油井底水锥进,提高采收率。因此,通过数值模拟对调流控水筛管内部流场进行分析,优化调流控水筛管的结构,研究在不同条件下调流控水筛管内部流体流动规律,分析产液量的变化规律,以期为油井调流控水的工作提供基础,为油井调流控水筛管完井优化提供理论依据。

调流控水筛管的三个阶段,分为无水采油阶段、井筒见水阶段和调流控水阶段。在无水采油阶段,油相自防砂过滤套管进入夹层,油相逐渐聚集,流速增大,当流经喷嘴时,由于流道收缩,油相速度急剧上升;喷嘴出口产生高速射流,在黏性剪切力作用下,使得喷嘴上方形成涡流;另外由于基管壁面湍流发展不充分,流体分子的黏性影响处于主导作用,而刚流出连接管的油相流速较高,因此便逐渐形成涡流。

井筒见水阶段和井筒控水阶段,防砂过滤套管入口逐渐有水相进入基管。进入基管内的混合相在黏性剪切力作用下,流动受阻,混合相动能降低,油水两相之间扰动减弱,水相微团逐渐从油相中聚集形成流束,流束中心水相体积分数达到1,形成明显的油水界面。

对调流控水筛管结构选型分析,主要研究不同直径的喷嘴和不同突缩比的连接管对调流控水筛管的影响。通过数值对比分析得出,基管出口平均流速随喷嘴直径的变化而变化,喷嘴直径越小,基管出口平均流速越低,调流控水筛管的调流效果明显。

随着喷嘴直径的缩小,进入基管内的水相分布逐渐集中,呈细带状,且不存在明显的油水分界面,这是由于进入基管的混合相流速较高,水相与油相之间的扰动作用增强,使得水相流体微团难以聚集。因此,调节喷嘴直径大小,能够使调流控水筛管对水平井起到调流控水作用。

研究分析突扩型连接管、直管型连接管和突缩型连接管对调流控水筛管的影响,当选用突缩型连接管时,基管出口水相体积分数最低,有利于降低水平井出口产液的含水量。连接管突缩比越大,基管出口水相体积分数越低,当突缩比为5时,基管出口平均水相体积分数降低至0.1238,降幅达到26.65%。因此,突缩比较大的连接管,能够增强调流控水筛管对水平井起到调流控水作用。

对调流控水筛管结构性能进行优化,在喷嘴出口设置挡板,以减少喷嘴射流的动能,从而降低混合相的压力,达到降压的目的。挡板式调流控水筛管中的挡板阻碍射流流动,扰流作用增强,使得油相微团和水相微团难以聚集,仍以微团的形式存在流束当中。由于挡板间隔分布,将直管道变为曲折流道,流道等效水力直径缩小,使喷嘴喷射出的流束不易发散,流束中心的混合相速度仍较高,黏性剪切力作用强于壁面黏性影响,逐渐形成涡流,水相微团便在涡流中心聚集,从而形成明显的油水界面。

对比分析直板式调流控水筛管和斜板式调流控水筛管的调流能力,直板式调流控水筛管出口平均水相体积分数较高,甚至高于无挡板时的调流控水筛管出口水相体积分数,因而采用直板式挡板削弱了调流控水筛管的调流作用。而当采用斜板式挡板时,调流控水筛管出口平均水相体积分数较无挡板时降低6.07%。因此,在防砂过滤套管与基管之间的夹层内设置斜板式挡板，可进一步降低水平井产液的含水量，提高调流控水筛管的调流能力。

并对夹层内挡板结构进行优化设计，包括挡板倾角和挡板数量。通过数值模拟得出，挡板倾角越小，基管内的湍流耗散越高，调流控水筛管出口混合相越不稳定，易产生回流，削弱调流控水筛管的调流作用。当挡板倾角为30°时，基管出口平均水相体积分数最低，较无挡板时基管出口水相体积分数降低6.98%。另外，随着挡板数量增多，进入基管内的混合相流速不断提高，其与基管内主流束的速度差值就越来越大，在黏性剪切力作用下，造成基管出口混合相不稳定流动，并消耗混合相动能。当夹层内只设有3块挡板时，基管出口平均水相体积分数最低。因此，在夹层内设置3块倾角为30°的挡板时，调流控水筛管的调流能力最优，从而进一步降低水平井产液的含水率。

9.2.2 调流控水工艺配套工具研究与试验

9.2.2.1 HR152-101悬挂封隔器

（1）特点。

可用回收工具解封、回收；皮碗式胶筒，可耐受更高的压差；配合坐封工具，锁定机构可有效预防提前坐封或提前脱手。

（2）结构。

该封隔器配合坐封工具使用，坐封方式为管内投球液压坐封，当球落到球座位置后，从油管内打压，防坐封锁定机构释放，活塞传力将坐封销钉剪断，随后将卡瓦牙推出牢牢地卡在套管内壁上。继续打压稳压，将胶筒胀开，油套环形空间被密封，此时就完成了封隔器坐封。随即可以进行套管打压验封。验封合格后，根据不同坐封工具选择丢手形式，配合坐封工具可实现油管打压丢手或套管打压丢手、机械正转丢手三种丢手方式，根据Agadem油田特点及本次自适应调流控水二次完井管柱特点及井筒条件，采用机械正转丢手方式（套管打压丢手为备用方案），丢手后起出坐封工具。

解封时，下入回收工具捞住打捞接头，上提管柱至解封力，解封销钉剪断，封隔器卡瓦牙释放，在卡瓦弹簧的作用下自动收回，封隔器释放，再继续上提打捞管柱就可将井内所有的防砂管柱起出地面，其具体结构如图9.2.2所示。

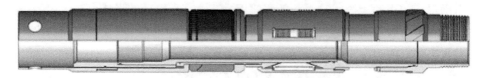

图9.2.2 HR152-101悬挂封隔器示意图

（3）HR152-101悬挂封隔器试验。

①试验目的。

模拟井下高温高压特殊工作状况，检测封隔器在浸泡24h后，密封承压的可靠性。

② 试验设备。

高温高压油浸试验井一套；计算机及控制设备一套；其他辅助工具、油管短节、邵式硬度计、游标卡尺、管钳。

③ 试验条件。

温度：150℃。

压差：单向压差 50MPa。

试验介质：柴油。

④ 试验步骤及原理。

a. 检查高温高压油浸试验井及其控制设备是否运行正常，将地面常规实验合格的封隔器下入试验井中。

b. 升温，将温度设置于 150℃（按所需温度设置），试验罐井内充满柴油且保温 24h。

c. 待温度恒定后，坐封封隔器。

d. 将正向压力升至 50MPa，单向压力保持 2h。

e. 放掉正向压力，反向打压 50MPa，单向压力保持 2h。

f. 继续交变打压 50MPa，正反变换 8 次，单向压力保持 2h，观察压力表读数，并记录其变化。

g. 检测结束后，取出封隔器，观察其形状，分析封隔器工作性能。

⑤ 试验结果。

经封隔器高温高压试验，证明封隔器性能指标均满足设计要求，具体试验情况见表 9.2.1。

表 9.2.1　HR152-101 悬挂封隔器高温高压油浸试验记录表

介质名称	温度（℃）		工作压差（MPa）		自由浸泡时间（h）		额定坐封载荷（MPa）			
柴油	150		50		24		11			
序号	1	2	3	4	5	6	7	8	9	10
上压（MPa）	35		35		40		45		50	
下压（MPa）		35		35		40		45		50
稳压时间（h）	2	2	2	2	2	2	2	2	2	2
累计稳压时间（h）	20				压缩距（mm）		60			
试验简述	封隔器经自由浸泡 24h 后液压 11MPa 坐封，压缩距 55mm，经换向交替试压 35～50MPa，观察试验情况，没有渗漏，稳压时间内压力微降，取出胶筒观察，无明显变化，封隔器解封力 12.0tf									
结论	该封隔器在 150℃，压差 35～50MPa 下密封性能较好，达到了设计指标，满足现场使用要求									

9.2.2.2　IP152 隔离封隔器

IP152 隔离封隔器（图 9.2.3）是一种液压式坐封封隔器，主要用于多层井段的层间隔离，可用于调流控水完井及普通层间隔离或卡层。

图 9.2.3　IP152 隔离封隔器示意图

（1）特点。

大通径，结构简单；皮碗式胶筒，可耐受更高的压差；无锚钉卡瓦，解封可靠；坐封工具有定位信号装置，位置准确。

（2）工作原理。

该层间隔离封隔器可根据隔离封位置精确地将坐封服务工具上提至隔离封上、下密封筒，通过定位套判读位置准确后，从操作管内打压验证，压力上升，说明坐封工具导入密封筒，这时继续分台阶打压至 2600psi（18.0MPa），稳压 10min。第一个隔离封坐封完成。油管缓慢放压，然后继续上提管柱，重复以上坐封过程，依次坐封上部其余隔离封。

解封时下入顶部封隔器回收工具对接打捞接头上提管柱，这时解封销钉剪断，卡瓦牙在卡瓦弹簧的作用下自动收回，顶部封隔器释放，再继续上提打捞管柱就可将井内所有的封隔器释放，释放负荷 150～170kN，将全部防砂管柱起出。

（3）IP152 隔离封隔器试验。

对 IP152 隔离封隔器进行室内坐封、耐高温高压、解封试验。

模拟分注井井下井况，封隔器坐封后胶筒承压能力试验：

①将导热油加热至 150℃循环加入试验套管内，循环 2h；

②从封隔器一端加压，坐封封隔器；

③将封隔器置于试验套管内，封隔器一端和套管两端连高压管线；

④从试验套管两端分别加压，试验胶筒耐温、承压能力。

实验记录见表 9.2.2。

表 9.2.2　IP152 隔离封隔器承压记录

序号	1	2	3	4	5	6	7	8
上压（MPa）	35		40		45		50	
下压（MPa）		40		43		48		50
稳压时间（h）	2	2	2	2	2	2	2	2
累计稳压时间（h）	16			坐封载荷（MPa）			20	
试验结论	自由浸泡 24h 后，坐封试验，启动压力均为 5～6MPa，20MPa 坐封完全，压缩距 30mm，双向交替试压 35～50MPa，稳压观察封隔器，不渗不漏，胶筒完好，向外拉（上提）封隔器，18t 解封，测量胶筒、双向卡瓦完好，试验结论：封隔器在 150℃，压差 35～50MPa 下密封性能较好，达到设计指标，满足现场使用，符合设计值							

9.2.2.3 FLC140-89 控水筛管

调流控水筛管是一种具有防砂和调流功能的复合防砂筛管，通过设置不同大小的喷嘴或者孔板，使得油井各段产液均衡。油井局部见水后，可通过减小喷嘴或孔板直径，从而抑制该段的产液量。对于某一口油井来说，根据该油井所处的地层特性、油藏状况、井口产液量等参数，对每段调流控水筛管选用不同大小的喷嘴，使得油井每段的流动阻力均衡，从而达到油井各段生产压差相同，产液量相等的目的，并有效抑制了油藏底水水脊上升，延长了油井生产时间，最终大大提高了油井的产油量。

与普通筛管相比，可调流控水筛管具有如下优点：

① 对于非均质油藏，可调流控水筛管在油井各段上能够自行调节产液量；

② 可调流控水筛管能够起到防砂、控水、调节流量多重作用；

③ 可调流控水筛管能够提高低渗透区域的生产压差，提高采收率；而对于高渗透区域，控流装置大大削弱生产压差，有效控制进入水筛管的水量，从而降低油井产液的含水率。

正是由于可调流控水筛管的诸多优势，如今各大油田水平井均采用可调流水筛管进行分段可调流控水生产，同时起到防砂、控水、调流作用。

（1）结构。

自适应控水装置（图9.2.4）是整套自适应控水完井技术的核心工具，该装置可分为：基管、节流件、外套三大部分，整个自适应控水装置无活动部件，节流件上盖采用真空焊接，节流件与基管采用精细氩弧焊接。

图 9.2.4　调流控水筛管实图

（2）功能。

FLOWISE 智能调流控制技术是通过设置特殊的几何形状流道（调流控水筛管尺寸数据见表9.2.3），利用油水基本物性差异使油水在流动中产生不同阻力，自动识别，控制产出，有效提高油的产出占比。通过下入 FLOWISE 自适应调流控水工具到预定储层，实现控水完井。调流控水筛管功能如下：

① 流体识别：根据流体的类别，选择需要被限制的流体。

② 流体转换：引导被选定的流体通过特定的通道。

③ 流体限制：限制不需要流体的流入。

调流控水筛管一般由上接头、基管、恒流器、防砂过滤器、下接头组成。其中恒流器对油井内油藏开采主要起到如下三个作用：

① 恒流器能够防止渗透率较高的水平段提前见水，从而延长油井无水采油阶段。

② 当油井见水后，黏度较低的水向油井附近突进，可以通过改变恒流器大小从而控

制进入水筛管的水量，大大降低了油井产液的含水量，延长低含水生产阶段。

③ 当进入水筛管的流量低于恒流器设定的流量时，恒流器前后几乎没有压差，这将较大程度提高低渗透区域的生产压差，进而提高油井的采收率。

表 9.2.3　调流控水筛管尺寸数据表

型号	$2^3/_8$in	$2^7/_8$in	$3^1/_2$in	4in	$4^1/_2$in	$5^1/_2$in
最大外径（mm）	96	110	123	136	148	175
基管外径（mm）	60	73	88.9	101.6	114.3	139.7
扣型	NU	NU	NU	NU	NU	NU
基管材质	N80/13Cr/超级13Cr	N80/13Cr/超级13Cr	N80/13Cr/超级13Cr	N80/13Cr/超级13Cr	N80/13Cr/超级13Cr	N80/13Cr/超级13Cr
长度（m）	10±	10±	10±	10±	10±	10±
档砂精度	可定制	可定制	可定制	可定制	可定制	可定制
承压（MPa）	35	35	35	35	35	35

9.3　稳油控水管柱

以 DibeillaNH-6 井为例，井身结构如图 9.3.1 所示。

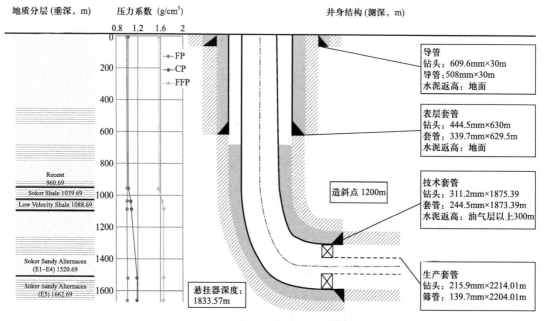

图 9.3.1　DibeillaNH-6 井井身结构

根据调流方案设计，分段调流完井管柱结构从下到上管柱结构如下（实际的完井管柱需要根据完钻后随钻测井数据确定）：完井管柱结构（由下到上）：ϕ154mm 引鞋 +$5\frac{1}{2}$in 套管 +ϕ180mm 调流筛管 ×××根 +$5\frac{1}{2}$in 套管 +ϕ196mm 遇油膨胀封隔器 1+$5\frac{1}{2}$in 套管 +ϕ180mm 调流筛管 ×××根 +$5\frac{1}{2}$in 套管 +ϕ196mm 遇油膨胀封隔器 2+$5\frac{1}{2}$in 套管 +ϕ180mm 调流筛管 ×××根 +$5\frac{1}{2}$in 套管 +ϕ196mm 遇油膨胀封隔器 3+$5\frac{1}{2}$in 套管 + 膨胀悬挂封隔器 + 送入钻具组合。管柱结构示意图如图 9.3.2 所示。

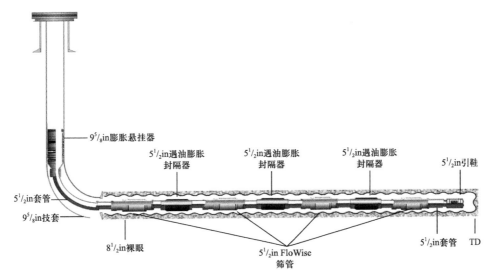

图 9.3.2　管柱结构示意图

井下完井所需工具参数见表 9.3.1，辅助工具参数见表 9.3.2。

表 9.3.1　入井完井工具参数

序号	工具名称	规格型号	数量	外径（mm）	内径（mm）	扣型	备注／说明
1	引鞋	$5\frac{1}{2}$in	1 套	154	/	$5\frac{1}{2}$in LTCBox	N80
2	自适应调流筛管	FLC-H140	160m	180	124	$5\frac{1}{2}$in LTCBox*Pin	基管 $5\frac{1}{2}$in LTC N80，筛孔精度 250μm，控流装置最大外径 180mm
3	遇油膨胀封隔器	OS196	3 套	196	124	$5\frac{1}{2}$in LTCBox*Pin	基管 $5\frac{1}{2}$in LTC N80，胶筒长度 2500mm
4	膨胀悬挂器	PZXG Y244.5×140−SW	1 套	210	/	NC50 Box*$5\frac{1}{2}$in LTCPin	施工压力 16～20MPa，膨胀后内径 190mm（工程院）
5	套管	$5\frac{1}{2}$in	m	139.7	124.3	$5\frac{1}{2}$in LTCBox*Pin	甲方供货

表 9.3.2　辅助工具参数

序号	工具名称	规格型号	数量	外径（mm）	内径（mm）	扣型	备注 / 说明
1	短套管	$5\frac{1}{2}$in	4	139.7	124.3	$5\frac{1}{2}$in LTCBox*Pin	甲方供货，5m/ 根
2	吊卡	$5\frac{1}{2}$in	2	/	/	/	辅助下 $5\frac{1}{2}$in 套管和完井工具，固井队提供
3	西瓜皮铣柱	NC50	2	212		NC50	裸眼段通井
4	通径规	$5\frac{1}{2}$in	1	121			完井工具通径，OD：121–118
5	刮管器					NC50	（工程院）

9.4　完井工具下入模拟

9.4.1　通井设计原则

（1）通井管柱组合由易到难。

（2）在达到模拟通井目的条件下尽量减少通井次数，减少完井时间。

（3）模拟通井管柱最大限度模拟完井管串的刚性和外径，确保下入安全性。

9.4.2　泥浆要求

（1）调整好泥浆固相含量及含砂量，采用 200 目以上筛子进行过滤，泥浆固相含量 <8%，含砂量 <0.05%。

（2）调整好泥浆性能，泥浆烃（油）含量 <2%，防止遇油膨胀封隔器提前激发胀封。

（3）对新替泥浆要进行多次过滤，务必使新替泥浆固相含量 <8%，含砂量 <0.05%。要求新替换泥浆性能稳定，与原井内泥浆配伍性较好，混合后的泥浆不能出现固相沉淀以及其他新的化学物质。

（4）整个作业过程钻井泥浆必须保证井眼稳定，泥浆液柱压力大于地层产出压力。

9.4.3　第一趟通井

第一趟通井（原钻具组合）：目的是确保井眼顺畅，大排量洗井，冲洗水平段岩屑床，为下一步模拟通井做准备。

通井管柱为：ϕ215.9mm 牙轮钻头 + 双母接头 + 加重钻杆 3 根 + 斜坡钻杆 + 加重钻杆（膨胀悬挂器位置以上）+ 钻杆 = 井口。

第一趟通井时应注意：

（1）如果用标准钻头规测出的钻头尺寸小于 215.9mm，需要更换标准尺寸的新钻头。

（2）在套管段有连接工具部位（如有分级箍、回接筒等）要缓慢通过，严禁旋转。如果遇阻 3tf 不能通过，则不能强行下放，起出钻头通井管柱，请示甲方现场监督商讨下一步处理方案。

（3）在裸眼段如通井不顺畅，在阻力大的井段反复活动多次，直到没有明显摩阻显示。

（4）在裸眼段下钻过程中如遇阻卡，可进行划眼，直至在不划眼的情况下可顺利自重下放通井管柱到井底为止，保证井眼光滑，并用原钻井液大排量循环。

（5）如有井漏情况，则需记录井漏漏失量和漏失速度，并及时向井筒补液。

（6）严禁任何井下落物，起下钻上扣卸扣过程中遮盖井口。

（7）通井到井底后，用原钻井液进行循环（循环泥浆过筛）2 周以上，直到进出口泥浆性能一致。

（8）起通井管柱。起钻时注意控制起钻速度，起管柱过程中每 3～5 柱按标准补液一次，确保井筒稳定。起钻过程中注意保证液面稳定，如有溢流，及时压井。

（9）通井后如果不能及时进行下一步工序，每 1 天短起 1 次，并循环调整泥浆。

9.4.4　第二趟通井

第二趟通井：目的是模拟完井管串的刚性和外径对安全下入的影响。

通井管柱为：ϕ215.9mm 钻头 + 双母接头 + 加重钻杆 1 根 +ϕ212mm 西瓜皮铣柱 1 支 + 加重钻杆 2 根 + 斜坡钻杆 + 加重钻杆（膨胀悬挂器位置以上）+ 钻杆 = 井口。

第二趟通井时应注意：

（1）在套管段有连接工具部位（如有分级箍等）要缓慢通过，严禁旋转。如果遇阻 3tf 不能通过，则不能强行下放，起出模拟通井管柱，请示甲方现场监督后再商讨下一步处理方案。

（2）在分级箍、碰压短节、浮箍、浮鞋等套管附件井段，适当放慢速度，密切注意负荷的变化。

（3）当钻具进入裸眼后，控制下入速度，无阻卡时裸眼段通井速度不快于 2min/ 柱。

（4）在狗腿度大的井段、有台级处要特别注意，适当放慢速度，密切注意负荷的变化。

（5）如有井漏情况，则需记录井漏漏失量和漏失速度，并及时向井筒补液。

（6）严禁任何井下落物，起下钻上扣卸扣过程中遮盖井口。

（7）在裸眼段下钻过程中如遇阻，原则上上下活动钻具或正向旋转钻具划眼，并进行泥浆循环。遇阻负荷控制在 5～8tf 左右，每次可增加 2tf，上下活动管柱，最大下压负荷 15tf；如果下压通不过，则正向旋转钻具划眼；顺利通过后在该遇阻井段至少再上提下放 3 次以上，直至无阻卡显示，保证井眼光滑，并用原钻井液循环。

（8）通井到井底后，上提 2m，用原钻井液大排量循环（循环泥浆过筛）2 周，直到进出口泥浆性能一致，记录泥浆循环的泵压、排量，以及泥浆密度、黏度等数据。

（9）如果第一趟下钻有遇阻点，则裸眼井段短起 1 次，起钻到套管鞋处，再下钻，确认管柱可以自重无遇阻下放到井底，若仍然有遇阻点，继续修复直至井眼光滑无遇阻。

（10）通到井底后，再用原钻井液大排量循环（循环泥浆过筛）2周，直到进出口泥浆性能一致；起出通井管柱。

（11）起钻时注意控制起出速度，起管柱过程中每3～5柱按标准补液一次，确保井筒稳定。起钻过程中注意保证液面稳定，如有溢流，及时压井。

9.4.5　第三趟通井

第三趟通井：目的是模拟遇油膨胀封隔器组合后的下入安全性。

通井管柱为：ϕ215.9mm钻头＋双母接头＋加重钻杆1根＋ϕ212mm西瓜皮铣柱1支＋加重钻杆2根＋ϕ212mm西瓜皮铣柱1支＋斜坡钻杆＋加重钻杆（膨胀悬挂器位置以上）＋钻杆＝井口。

第三趟通井时应注意：

（1）在套管段有连接工具部位（如有分级箍等）要缓慢通过，严禁旋转。如果遇阻3tf不能通过，则不能强行下放，起出模拟通井管柱，请示甲方现场监督后再商讨下一步处理方案。

（2）在分级箍、碰压短节、浮箍、浮鞋等套管附件井段，适当放慢速度，密切注意负荷的变化。

（3）当钻具进入裸眼后，控制下入速度，无阻卡时裸眼段通井速度不小于2min/柱。

（4）在狗腿度大的井段、有台级处要特别注意，适当放慢速度，密切注意负荷的变化。

（5）如有井漏情况，则需记录井漏漏失量和漏失速度，并及时向井筒补液。

（6）严禁任何井下落物，起下钻、上扣、卸扣过程中遮盖井口。

（7）在裸眼段下钻过程中如遇阻，原则上上下活动钻具或正向旋转钻具划眼，并泥浆循环。遇阻负荷控制在5～8tf左右，每次可增加2tf，上下活动管柱，最大下压负荷15tf；如果下压不可行，则正向旋转钻具划眼；顺利通过后在该遇阻井段至少再上提下放3次以上，直至无阻卡，保证井眼光滑，并用原钻井液循环。

（8）通井到井底后，上提2m，用原钻井泥浆大排量循环（循环泥浆过筛）2周，要求充分循环，确保水平段携砂干净，调整好泥浆性能，降低泥浆烃（油）含量小于10%，直到进出口泥浆性能一致，记录泥浆循环的泵压和排量，以及泥浆密度黏度等数据。

（9）裸眼井段短起1次，起钻到套管鞋处，再下钻，确认管柱可以自重无阻卡顺利下放到井底，若仍然有遇阻点，继续修复直至井眼光滑无遇阻。

（10）最后一趟模拟通井管柱顺利到井底后，用原钻井液大排量循环（循环泥浆过筛）2周，直到进出口泥浆性一致；要求充分顶替和调整泥浆性能，务必使井筒内泥浆整体烃（油）含量低于10%，泥浆固相含量＜8%，含砂量＜0.05%。

（11）起钻提管柱至造斜点（测深），将造斜点以上套管内泥浆替换为烃（油）基含量＜2%的泥浆；调整好泥浆固相含量和含砂量，泥浆固相含量＜8%，含砂量＜0.05%。

（12）对顶替泥浆要进行多次过滤，务必使新替泥浆固相含量＜8%，含砂量＜0.05%。要求新替换泥浆性能稳定，与原井内泥浆配伍性较好，混合后的泥浆不能出现固相沉淀以及其他新的化学物质。

（13）最后一趟模拟通井管柱起钻，在造斜点、大狗腿度井段以及顶部封隔器坐封位置对管柱称重（静止、上提、下放状态），并记录好摩阻数据。

（14）如果第三趟通井完毕后，井眼条件仍不满足遇油膨胀封隔器下入要求，根据实际情况增加通井次数，力求使井眼条件满足完井管串下入要求。

（15）通井后如果不能及时进行下一步工序，每1个起下钻周期的时间内短起1次，并循环调整泥浆；在确定最后通井起钻前，必须再进行最后一次短起，循环脱气处理泥浆。

（16）起出通井管柱，起钻时注意控制起钻速度，起管柱过程中每3～5柱按标准补液一次，确保井筒稳定。起钻过程中注意保证液面稳定，如有溢流，及时压井。

10 钻井废弃物处理技术

10.1 钻井废弃物特点及危害

钻井废弃物是钻井污水、钻井液（钻井泥浆）、钻井岩屑和污油的混合物，是一种相当稳定的胶态悬浮体系，含有黏土、加重材料、各种化学处理剂、污水、污油及钻屑等，危害环境的主要化学成分有烃类、盐类、各类聚合物、重金属离子、重晶石中的杂物和沥青等改性物，这些污染物具有高色度、高石油类、高 COD（化学需氧量）、高悬浮物、高矿化度等特性，是石油勘探开发过程中产生的主要污染源之一。油气田每钻完一口井，都要在原地丢下一个废弃的泥浆池。一个油气田有成千上万口井，就有成千上万个废弃泥浆池，每个泥浆池中的钻井废弃物少则有几百立方米，多则有几千立方米。这些废弃物具有的可溶性的无机盐类污染、重金属污染、有机烃（油类物质）污染，若在井场堆放或掩埋，一旦被雨水浸泡、河流冲刷，就会对周围的土壤、水源、农田和空气造成严重的环境风险。

钻井废弃物通过一系列的化学生物和物理作用后，将对土壤、水质、生物等环境生态造成影响。

（1）其主要超标的指标有化学需氧量（COD）、生物需氧量（BOD）、油类、悬浮物（SS）以及金属盐类（如 Pb、Cb、Hg、Cr 盐等）。它们主要来自钻井液配制中各种钻井液添加剂的加入以及在钻井过程中钻井液的携带物。其中化学需氧量 COD 的值常常高达几千甚至几万毫克每升。

（2）每口井废弃钻井液按 $300m^3$ 计算，其中金属污染物的总量达到 13.2kg，重金属淋洗量达 4.3kg，表明废弃钻井液中重金属是潜在的污染源。

（3）通过对废弃钻井液进行模拟雨水淋洗分析，废弃钻井液中油的浸出率最高达 90%，其次是总铬，浸出率为 50%。淋洗顺序为：油＞TCr＞COD_{Cr}＞As＞Pb＞F^-＞Hg。对于重金属来说，尽管其浸出液除总铬外，大都达标，但其浸出率相对较大。浸出液中主要污染物为 COD_{Cr}、总铬和油。由此进一步说明，废弃钻井液不可直接排放。

（4）钻井废弃物的环境可生化性较差，不适宜用生化方法进行处理。

（5）钻井废弃物中有毒、有害物质会经过自然降雨淋洗而溢流或渗入地下，对地表水、地下水以及土壤造成影响。并且有可能在土壤中富集，不仅会对土壤中的大量微生物产生不良影响，而且会使土壤碱化或中毒，如果被植被吸收，将会对其产生毒害作用，甚至危害人畜等。

（6）废弃钻井液本身是一种极为复杂的分散体系，它以黏土、水为基础，使黏土分散在水中形成一种较为稳定的分散体系，其颗粒粒径一般在 0.01～2μm 之间，具有胶体和悬浮体的性质，因此具有相当的稳定性。

（7）由于其特殊的组分使其具有相当的稳定性，这种稳定性使废弃钻井液能够在长时间内保持稳定的状态，ζ 电位值很高。因此，要想破坏其稳定性，就必须加入大量的处理剂使其脱稳，废弃钻井液的处理难度大、费用高。

尼日尔 Agadem 油田地处撒哈拉沙漠腹地、自然保护区内，尼日尔政府对环保要求严格。尼日尔 Agadem 油田废物排放相关法规对液体废弃物、固体废弃物、粉尘及其他气体排放物有严格的法律规定。

虽然 Agadem 油田钻井作业之初就重视油田的环保问题，采用环保型钻井液体系，但是油气井钻探、试油和修井过程中，不可避免需要大量使用化学处理剂包括降滤失剂、增黏剂、降黏剂、页岩抑制剂、润滑剂、消泡剂、解卡剂、堵漏剂、杀菌剂、加重材料等，有机物含量高且种类繁多，总体上表现出高 COD_{Cr}、高 pH、含有一定量油的复杂和多变的特点，存在给周围环境的土壤、地表水和地下水造成严重的污染风险，因此对钻井废弃物进行无害化处理，实现"零污染"达标排放是满足 Agadem 油田勘探开发的需要。

10.2　钻井废弃物处理要求

尼日尔 Agadem 油田废液处理中水水质达标要求见表 10.2.1。

表 10.2.1　废液处理中水水质达标要求

检测物	参考值	
	方法	标准
汞（mg/0.1kg）	光谱测定法	≤1.00
镉（mg/0.1kg）	光谱测定法	≤0.05
氰化物（mg/0.1kg）	光谱测定法	≤0.20
铅（mg/0.1kg）	光度测定法	≤1.00
铬（mg/0.1kg）	光谱测定法	≤1.00
镍（mg/0.1kg）	光度测定法	≤1.00
锌（mg/0.1kg）	光谱测定法	≤1.00
铜（mg/0.1kg）	光谱测定法	≤1.00
砷（mg/0.1kg）	光谱测定法	≤0.20
悬浮物（mg/L）	密度测定法	≤1000
生化需氧量 20℃（mg/L）	BOD 测定法	≤1000
化学需氧量（mg/L）	滴定法	≤200

续表

检测物	参考值	
	方法	标准
氮（mg/L）	分光光度法	≤60
酸碱度		6～9.5
不溶物	比浊法	不存在
汞（mg/L）	光谱测定法	≤0.50
镉（mg/L）	光谱测定法	≤0.02
砷（mg/L）	光谱测定法	≤0.10
氰化物（mg/L）	光度测定法	≤0.10
铅（mg/L）	光谱测定法	≤0.50
铬（mg/L）	光度测定法	≤1.00
镍（mg/L）	光谱测定法	≤1.00
锌（mg/L）	光谱测定法	≤1.00
铜（mg/L）	光谱测定法	≤1.00

10.3　钻井废弃物无害化处理技术

目前，国内外主流的废液处理工艺，按处理原理分为固化法、物化法、化学法和生物法四类。

（1）固化法主要是处理钻井废泥浆的一种较为成熟的方法。通过向钻井废泥浆中加入一定量的固化剂，使其与污染物发生一系列的物理化学反应从而形成具有一定强度的固结体，之后可以填埋处理或作为建筑材料等。这种方法成本高，掩埋后废弃物的浸出液仍然会对土壤及地下水产生严重的污染，未能从根本上解决环保问题。

（2）物化法主要是利用经常遇到的污染物性质由一项转移到另一项的过程、即传质过程来分离废水中的溶解性物质，回收其中的有用成分，以使废水得到深度治理。常用的物理化学方法有喷雾干燥法、低压蒸馏法、热化学破乳—离心法、吸附法、萃取法、电解法和膜分离法等。

（3）化学法主要是通过化学反应的方式来分离或回收废水中的胶体性、溶解性物质等污染物，实现有用物质的回收利用、改变废水 pH 值、去除金属离子、氧化物等有机物。该方法能够改变污染物的性质，实现污染物质与水分离，达到比简单的物理处理方法更高的净化程度。常用的化学处理方法有化学沉淀与混凝沉淀法、氧化还原法、中和法等。

（4）生物法主要是利用有特殊作用的细菌或微生物将废水中的有机物分解，同时达到

去除 COD_{Cr} 的目的。生物法分为好氧生物处理法和厌氧生物处理法。

废液处理方式，按处理设备的可移动性可分为建厂集中式处理和移动式处理，在实际作业过程中可以单独采用一种处理工艺或同时采用两种及以上的不同处理工艺相结合，进行油田废弃物无害化处理。

（1）建厂集中式处理方式即为建厂集中式处理所有废弃物经集中处理后排放，井上的废液储存池依然留用，无法实现废弃物不落地处理。

（2）移动式处理主要是根据现场情况，组织机具将废弃钻井液和钻屑转运至软体钻井液缓存罐，由废弃物处理队进行处理；二开完井后，钻井液暂存于缓存罐内，部分钻井液将被重复利用于下一口井的二开施工，减少了单井废弃物处理量。

10.4 尼日尔项目钻井废弃物无害化处理技术

根据尼日尔项目特点，选用移动式钻井废弃物处理设备，提供固液分离、分类处理、综合利用的废弃物不落地随钻处理工艺，该工艺可以克服落地后集中处理方式存在的缺点，对从井口返出的钻井废弃物在落地之前进行随钻处理，消除了井上废液储存池的污染，减少了对土地的占用，实现了钻修井废弃物无害化综合利用，实现了钻修井废弃物不落地处理。

10.4.1 随钻无害化处理技术优势

（1）从井口返出的钻井废弃物在落地之前就进行随钻处理，实现无害化处理和综合利用，做到了废弃物不落地处理。

（2）有利于节约土地资源，不会永久占用土地，油气井作业完成后可随钻机搬离现场。

（3）处理设备具有安装方便、易拆迁且不受环境影响等优点。

（4）集中建站的处理方式需要在钻修井现场和处理站之间不间断运输大量钻修井废弃物，而沙漠地区运输成本极高，移动式处理设备则可节约大量运输成本。

10.4.2 工艺原理

钻修井废弃物经添加除油剂除油后，再经絮凝、助凝等药品处理后，达到脱稳破胶、混凝沉淀，同时氧化分解其中高分子有害物质为小分子无害物质，重金属离子等变为不溶于水的沉淀物，经脱水设备脱水后随滤饼排放。脱水设备排出的滤液再经水处理设备絮凝、助凝、深度除油、微电解深度氧化以及离子交换、沉降过滤等步骤，氧化分解滤液中剩余的致使 COD_{Cr} 值高及色度高的高分子有害物质为小分子无害物质，将 Cl^- 浓度控制在标准限值以内，最终达标排放；絮凝沉淀物返回脱水设备再处理，最终达标排放。

10.4.2.1 废弃泥浆中油类物质的无害化处理原理

很多泥浆中带有少量油类物质，这些油类需要进行无害化处理。在收集的废水和泥浆混合物中，加入高效除油剂并进行搅拌，利用表面活性剂的渗透、乳化能力将黏附到固体颗粒上的原油类脱附到液相中，然后利用微小油颗粒自身、药剂以及曝气产生的微小气泡的作用下变大为较大的油颗粒，并上浮到液面上，形成大的油块，大的油块聚集后，用刮油机将油收集后存到油储罐，再净化脱水后送入联合站。

10.4.2.2 岩屑和泥土的无害化处理原理

废弃泥浆先除油后，加入破胶剂和絮凝剂，利用药剂离子带有正电性、药剂的氧化性等破坏泥浆的胶体体系，使泥浆中的有机物等与泥土分离后进入液相，然后，在真空力的作用下，将泥相与水相分离，脱水后形成的滤饼达到处理要求，废水进入废水处理系统进行无害化处理。

10.4.2.3 废水无害化处理原理

（1）废水达标排放。

废水经过絮凝沉降—微电解氧化—高级氧化—中和沉降—过滤等步骤，在电化学、氧化—还原、氧化、物理吸附、絮凝、过滤等共同作用下，水中的绝大部分有机物被矿化，少量的水不溶有机物进入污泥中。废水经上述步骤处理后达到排放标准，可以排放或回注。水处理过程中产生的少量污泥返回到泥浆处理系统。

如果废水处理后进行配制聚合物或者浇花等对水质要求高的场合使用，可在过滤后加入反渗透处理系统，反渗透得到水作配制聚合物或浇花用，产生的浓水可回注或达标排放。

（2）废水达标回注或者进入联合站废水处理系统。

废水经过絮凝沉降—过滤等步骤，水中的悬浮物大颗粒去除，达到回注或进站标准

10.4.2.4 工艺主要特点

（1）处理效果好，处理后的固体废物和废水分别达到国家和地方的环保标准；

（2）处理时间短，单套装置可每小时10立方米以上，并可根据甲方要求配备相应的设备提高日处理量；

（3）如果废弃泥浆或钻井修井液中有原油类，可回收原油；

（4）处理后泥土土质松散，便于利用；

（5）设备与技术已经应用十多年，成熟先进。

10.4.3 设备摆放

尼日尔项目废弃物随钻处理设备现场配套有废弃物收集装置、泥浆脱水装置、水处

理装置及工具房及实验室。废弃物收集装置靠近 1#～3# 罐远钻机侧摆置，通过导泥板和螺旋收集机分别与振动筛、除泥器、离心机等固控设备连接，摆放在一起。现场布置两个滤饼坑，临侧布置有脱水装置、水处理装置、工具房及实验室。现场实际设备不知简图如图 10.4.1 所示，现场实际设备摆放如图 10.4.2 所示。

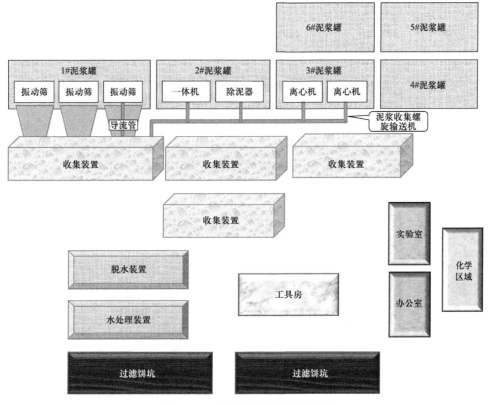

图 10.4.1　现场处理设备摆放简图

图 10.4.2　现场处理设备图

10.4.4 工艺流程

将处理场拉来的钻完井泥浆废弃物放入泥浆罐中，用泵将泥浆废弃物泵入除油系统，在高效除油剂、除油助剂及曝气的作用下，原油浮到水面上，用刮油机将原油收集到储油罐中，并不定时将收集的原油装入桶内运到联合站回收原油。除油后的泥浆进入破胶罐，在破胶罐中加入复合絮凝剂和氧化剂进行破胶及絮凝处理，使泥浆中的大部分污染物进入水相。破胶后泥水混合物进入固液分离系统，用真空带式过滤机将泥水进行真空分离处理，出来的滤饼各项指标达到排放指标，可以直接排放；固液分离后的污水进入水处理装置进行一系列处理：先在酸碱调节罐中加入 pH 值调节剂进行酸碱调节，再进入微电解氧化系统中进行氧化降解；从微电解氧化系统出来的废水进入高级氧化系统，在氧化剂和氧化助剂的作用下氧化水中有机物；从高级氧化出来的废水进入絮凝沉降系统，在该系统中加入 pH 调节剂调节废水的 pH 值后并加入混凝剂和絮凝剂进行絮凝沉降，去除水中的悬浮物；然后，废水进入过滤系统进一步去除水中悬浮物，经检测完全达到排放指标要求后回用或排放。其工艺流程如图 10.4.3 所示。

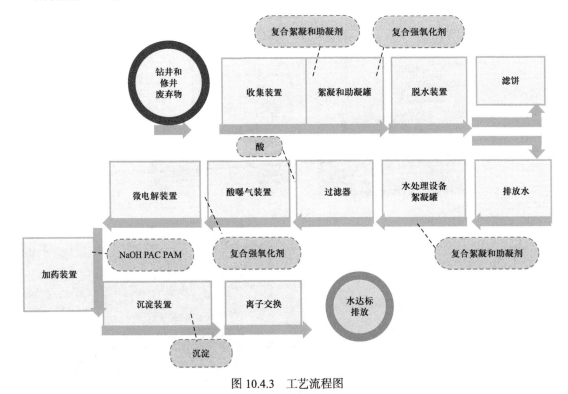

图 10.4.3　工艺流程图

10.4.4.1　废弃物收集

将岩屑和废泥浆等废弃物全部收集进入泥浆收集罐中（图 10.4.4），过程无遗漏。准备送入下一道处理工序。随钻井队的废液收集装置有效容积为 90 立方米，无法满足钻井队某些时段大量排出废液，进入收集装置的要求，如表层及一开快速钻进、固井作业期间。因此，每个随钻处理设备系统配备 4 个同等规格的泥浆收集装置，一个紧邻井队 1# 泥浆罐埋在地下，另外三个摆在地面上作为备用罐，经现场应用证实可满足生产作业要求，有利于保证钻井工作平稳顺利进行。

图 10.4.4 废液收集设备

10.4.4.2 废泥浆的复合絮凝、助凝和强氧化

在泥浆脱水设备的预处理装置（图 10.4.5）中添加复合絮凝、助凝药剂（由 4 种化学药品配比而成），快速把废泥浆中的有害物质转化到水中，并使吸附水转化为游离水。之后添加复合强氧化剂（由 2 种不同的氧化剂配比而成），快速分解废泥浆中的有害物质。

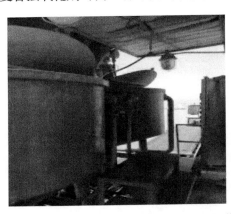 

图 10.4.5 废泥浆絮凝处理设备

10.4.4.3 泥浆脱水

利用泥浆脱水装置（图 10.4.6）对泥浆脱水，并制成无害化滤饼；滤液统一收集进入水处理设备预处理装置中。经处理的无害化滤饼可以循环使用，用于农耕或者制作路面砖。

图 10.4.6　脱水设备

改进后，在脱水装置滤饼排放端加设一个滤饼收集槽，便于铲车操作，同时也不会损坏地面上铺设的防渗膜，如图 10.4.7 所示。此整改措施经实施后证实可行、实用，并易于搬家运输。

图 10.4.7　滤饼收集斗

10.4.4.4　滤液的絮凝和助凝

通过添加复合絮凝、助凝剂（由 4 种化学药品配比而成），使有害物质溶解在水中，絮凝产物沉淀后回收进入泥浆收集装置，随废泥浆进入泥浆脱水工序。滤液絮凝设备如图 10.4.8 所示。

10.4.4.5　过滤器

过滤器（图 10.4.9）去除上一道工序出水中的悬浮物。定期反洗过滤器，反洗出水收集进入水处理设备预处理装置中，随泥浆脱水过程中产生的滤液一起进行处理。

10.4.4.6　酸曝气

通过加酸控制 pH 值在 3 左右进行酸曝气（图 10.4.10）；进一步除油，使含油量低于10mg/L。

图 10.4.8 滤液絮凝设备

图 10.4.9 过滤器

图 10.4.10 酸曝气

10.4.4.7 微电解

经酸曝气的出水进入微电解曝气装置（图 10.4.11），通过微电解反应，分解高聚合有机物，去除绝大多数有害物质。

10.4.4.8 沉淀

在微电解出水进入沉淀装置（图 10.4.12）的管道上顺序加入碱、复合絮凝剂、助凝剂，调节 pH 值，等待沉淀。定期清理沉淀物，返回泥浆脱水设备预处理装置中，同废泥浆一起进行处理。

图 10.4.11　微电解池

图 10.4.12　斜板沉降池

10.4.4.9　离子交换

通过离子交换设备（图 10.4.13）进行离子交换，将 Cl^- 等浓度控制在 500mg/L 以下。

10.4.4.10　排放

经处理后的水达标排放（图 10.4.14），亦可用于农田灌溉、浇灌井场或回注地下。

图 10.4.13　离子交换设备

图 10.4.14　达标排放

10.4.5　钻井废液随钻无害化处理药剂加量

10.4.5.1　氯化钾硅酸盐钻井液体系无害化处理配方

（1）高效除油剂加量。

通过试验分析，除油剂加量与除油率的关系如图 10.4.15 所示，除油剂加量与除油率基本呈直线关系。氧化剂加量与 COD 的关系如图 10.4.16 所示，氧化剂加量与 COD 呈反比关系。

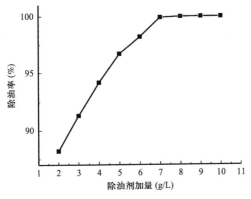

图 10.4.15　除油剂加量与除油率的关系　　图 10.4.16　氧化剂加量与 COD 的关系

（2）絮凝剂、破胶剂加量。

通过试验分析，絮凝剂用量 4g/L 较合适。选择破胶剂用量 6g/L 较合适，该比例下混凝剂用量与泥水分离效果的关系见表 10.4.1。

表 10.4.1　絮凝剂为 4g/L，破胶剂为 6g/L 时，混凝剂用量与泥水分离效果的关系

混凝剂用量（g/L）	现象
5	钻井废弃泥浆不容易破胶，真空抽滤时泥水分离困难，滤饼含水量大
10	钻井废弃泥浆不容易破胶，真空抽滤时泥水分离困难，滤饼含水量大
20	钻井废弃泥浆不容易破胶，真空抽滤时泥水分离困难，滤饼含水量大
30	钻井废弃泥浆破胶慢，真空抽滤时泥水分离慢，滤饼含水量略大
40	钻井废弃泥浆破胶快，真空抽滤时泥水分离快，滤饼含水量小
50	钻井废弃泥浆破胶快，真空抽滤时泥水分离快，滤饼含水量小
60	钻井废弃泥浆破胶快，真空抽滤时泥水分离快，滤饼含水量小

（3）混凝剂加量。

通过试验分析，选择混凝剂用量 4g/L 较合适，该比例下絮凝剂用量与泥水分离效果的关系见表 10.4.2。

（4）氧化剂加量。

通过试验分析，选择氧化剂用量 4g/L 较合适，该比例下氧化剂用量与污水处理的效果见表 10.4.3。

（5）最终配方。

钻井液无害化处理最终的配方见表 10.4.4。

表 10.4.2　混凝剂剂为 4g/L，破胶剂为 6g/L 时，絮凝剂用量与泥水分离效果的关系

絮凝剂用量 g/L	现象
1	钻井废弃泥浆泥水分离慢，真空抽滤后滤饼含水量大，出水浑浊
2	钻井废弃泥浆泥水分离慢，真空抽滤后滤饼含水量大，出水略浑浊
3	钻井废弃泥浆泥水分离略慢
4	钻井废弃泥浆泥水分离快，真空抽滤后滤饼含水小，出水清澈
5	钻井废弃泥浆泥水分离快，真空抽滤后滤饼含水小，出水清澈
6	钻井废弃泥浆泥水分离快，真空抽滤后滤饼含水小，出水清澈

表 10.4.3　氧化剂用量与污水处理的效果

氧化剂用量（g/L）	污水处理后出水 COD 含量
1	336
2	242
3	156
4	103
5	86
6	74

表 10.4.4　钻井液无害化处理配方

序号	药品种类（名称）	加量（kg/m³ 泥浆）
1	复合高效除油剂	8
2	混凝剂	40
3	絮凝剂	4
4	破胶剂	6
5	氧化剂	40
6	pH 值调节剂 A	5
7	pH 值调节剂 B	10
8	微电解强化剂	1

10.4.5.2　一开膨润土聚合物废弃钻井液处理配方

Agadem 区块一开泥浆为预水化膨润土浆，主要成分为膨润土、纯碱、烧碱、PAC-L、NPAN 等，针对这一泥浆体系，优化后的处理配方如下。

（1）优化过程。

采用单一变量控制法进行各药剂用量的优化，过程如下：

① 根据试验分析（处理一开泥浆时高效除油剂加量与除油率的关系如图 10.4.17 所示），最终确定处理一开泥浆时除油剂的最优用量为 2g/L。

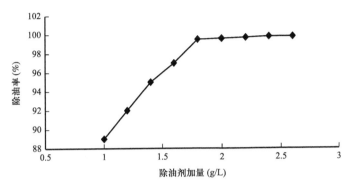

图 10.4.17　处理一开泥浆时高效除油剂加量与除油率的关系

② 根据试验分析（絮凝剂为 4g/L，破胶剂为 6g/L 时，混凝剂用量与泥水分离效果的关系见表 10.4.5），确定处理一开泥浆时混凝剂的最优用量为 40g/L（即 40kg/m³）。

表 10.4.5　絮凝剂为 4g/L，破胶剂为 6g/L 时，混凝剂用量与泥水分离效果的关系

混凝剂用量（g/L）	现象
5	钻井废弃泥浆不容易破胶，真空抽滤时泥水分离困难，滤饼含水量大
10	钻井废弃泥浆不容易破胶，真空抽滤时泥水分离困难，滤饼含水量大
20	钻井废弃泥浆不容易破胶，真空抽滤时泥水分离困难，滤饼含水量大
30	钻井废弃泥浆破胶慢，真空抽滤时泥水分离慢，滤饼含水量略大
40	钻井废弃泥浆破胶快，真空抽滤时泥水分离快，滤饼含水量小
50	钻井废弃泥浆破胶快，真空抽滤时泥水分离快，滤饼含水量小
60	钻井废弃泥浆破胶快，真空抽滤时泥水分离快，滤饼含水量小

③ 根据试验分析（混凝剂剂为 4g/L，破胶剂为 6g/L 时，絮凝剂 1 用量与泥水分离效果的关系见表 10.4.6），絮凝剂 1 用量优化，确定处理一开泥浆絮凝剂 1 的最优用量为 4g/L（即 4kg/m³）。

④ 通过破胶剂用量优化分析（混凝剂为 40g/L，絮凝剂为 4g/L 时，破胶剂用量与泥水分离效果的关系见表 10.4.7），确定处理一开泥浆破胶剂的最优用量为 6g/L（即 6kg/m³）。

⑤ 通过氧化剂用量优化分析（氧化剂用量与污水处理的效果见表 10.4.8），确定处理一开泥浆时氧化剂的最优用量为 4g/L（即 4kg/m³）。

表 10.4.6　混凝剂剂为 4g/L，破胶剂为 6g/L 时，絮凝剂 1 用量与泥水分离效果的关系

絮凝剂 1 用量（g/L）	现象
1	钻井废弃泥浆泥水分离慢，真空抽滤后滤饼含水量大，出水浑浊
2	钻井废弃泥浆泥水分离慢，真空抽滤后滤饼含水量大，出水略浑浊
3	钻井废弃泥浆泥水分离略慢
4	钻井废弃泥浆泥水分离快，真空抽滤后滤饼含水小，出水清澈
5	钻井废弃泥浆泥水分离快，真空抽滤后滤饼含水小，出水清澈
6	钻井废弃泥浆泥水分离快，真空抽滤后滤饼含水小，出水清澈

表 10.4.7　混凝剂为 40g/L，絮凝剂为 4g/L 时，破胶剂用量与泥水分离效果的关系

破胶剂用量（g/L）	现象
3	钻井废弃泥浆泥水分离慢，真空抽滤后滤饼含水量大，浸出液 COD 含量不合格
4	钻井废弃泥浆泥水分离慢，真空抽滤后滤饼含水量大，浸出液 COD 含量不合格
5	钻井废弃泥浆泥水分离略慢，真空抽滤后滤饼含水量略大
6	钻井废弃泥浆泥水分离快，真空抽滤后滤饼含水小，出水清澈
7	钻井废弃泥浆泥水分离快，真空抽滤后滤饼含水小，出水清澈
8	钻井废弃泥浆泥水分离快，真空抽滤后滤饼含水小，出水清澈

表 10.4.8　氧化剂用量与污水处理的效果

氧化剂用量（g/L）	污水处理后出水 COD 含量
1	336
2	242
3	156
4	103
5	86
6	74

⑥ 通过絮凝剂 2 用量优化分析（混凝剂为 40g/L，絮凝剂为 4g/L 时，破胶剂为 6g/L 时，絮凝剂 2 用量与泥水分离效果的关系见表 10.4.9），确定处理一开泥浆絮凝剂 2 的最优用量为 1g/L（即 1kg/m³）。

（2）配方。

对于 pH 值调节剂 A、pH 值调节剂 A、微电解强化剂，主要根据反应速度及处理效果进行用量优化，最终得出最优用量。优化后的处理配方如表 10.4.10。

表 10.4.9 混凝剂为 40g/L，絮凝剂为 4g/L 时，破胶剂为 6g/L 时，絮凝剂 2 用量与泥水分离效果的关系

絮凝剂 2 用量（g/L）	现象
0.4	钻井废弃泥浆泥水分离慢，真空抽滤后滤饼含水量大，浸出液 COD 含量不合格
0.6	钻井废弃泥浆泥水分离慢，真空抽滤后滤饼含水量大，浸出液 COD 含量不合格
0.8	钻井废弃泥浆泥水分离略慢，真空抽滤后滤饼含水量略大
1.0	钻井废弃泥浆泥水分离快，真空抽滤后滤饼含水小，出水清澈
1.2	钻井废弃泥浆泥水分离快，真空抽滤后滤饼含水小，出水清澈
1.4	钻井废弃泥浆泥水分离快，真空抽滤后滤饼含水小，出水清澈

表 10.4.10 一开泥浆处理配方

序号	药品种类（名称）	加量（kg/m³ 泥浆）
1	复合高效除油剂	2
2	混凝剂	40
3	絮凝剂 1	4
4	破胶剂	6
5	氧化剂	4
6	pH 值调节剂 A	5
7	pH 值调节剂 B	10
8	微电解强化剂	1
9	絮凝剂 2	1

10.4.5.3 一开固井水泥浆及钻井液混浆处理配方

针对固井混浆，其主要成分为一开泥浆及水泥的混合液，优化后的处理配方如下。

（1）优化过程（水泥缓凝剂）。

固井混浆中，主要问题是钻井泥浆中含有部分水泥，水泥如果凝固结块以后，将加大混浆处理难度，因此，与处理钻井泥浆工艺的主要区别是加入了一定量的水泥缓凝剂，水泥缓凝剂用量与水泥凝固时间的关系见表 10.4.11。根据实验，最终确定处理固井混浆时水泥缓凝剂的最优用量为 2g/L（即 2kg/m³）。

（2）配方。

优化后的处理配方见表 10.4.12。

10.4.5.4 二开钻井液废液处理配方

Agadem 区块二开泥浆体系为 KCl 聚合物泥浆体系（KCl 硅酸盐聚合物泥浆体系），

主要成分为膨润土、PAC-L、KPAM、SMP-1、SPNH、硅酸盐缓蚀剂等，针对这一泥浆体系，优化处理配方如下。

表 10.4.11　水泥缓凝剂用量与水泥凝固时间的关系

水泥缓凝剂用量（g/L）	现象
1	部分水泥浆凝固结块，影响后期处理
1.5	少部分水泥浆凝固结块，影响后期处理
2	无水泥凝固结块，不影响后期处理
2.5	无水泥凝固结块，不影响后期处理
3.0	无水泥凝固结块，不影响后期处理

表 10.4.12　固井混浆处理配方

序号	药品种类（名称）	加量（kg/m³ 泥浆）
1	复合高效除油剂	2
2	混凝剂	40
3	絮凝剂 1	4
4	破胶剂	6
5	氧化剂	40
6	pH 值调节剂 A	5
7	pH 值调节剂 B	10
8	微电解强化剂	1
9	絮凝剂 2	1
10	水泥缓凝剂	2

（1）优化过程。

二开泥浆，即完井泥浆，与一开泥浆处理配方基本一致，主要区别在于：① 复合高效除油剂量有所增大；② 减少一种药品絮凝剂 2。

（2）配方。

最终优化后的处理配方见表 10.4.13。

10.4.5.5　试油、修、完井废液处理配方

本区块所用的压井液主要成分为 KCl，部分压井液含油，优化处理配方如下。

表 10.4.13　二开（完井）泥浆处理配方

序号	药品种类（名称）	加量（kg/m³ 泥浆）
1	复合高效除油剂	8
2	混凝剂	40
3	絮凝剂 1	4
4	破胶剂	6
5	氧化剂	4
6	pH 值调节剂 A	5
7	pH 值调节剂 B	10
8	微电解强化剂	1

（1）优化过程。

在优化过程中，我们采用单一变量控制法进行各药剂用量的优化，基本过程与优化一开泥浆处理配方的过程相似，主要区别：

① 由于部分压井液含油，在配方上，加入了更多的复合高效除油剂；

② 由于压井液成分相对钻井泥浆比较简单，所以处理废弃物时的部分药品用量相对较少。

（2）配方。

最终优化后的处理配方见表 10.4.14。

表 10.4.14　压井液处理配方

序号	药品种类（名称）	加量（kg/m³ 压井液）
1	复合高效除油剂	10
2	混凝剂	3
3	絮凝剂 1	1
4	破胶剂	6
5	氧化剂	2
6	pH 值调节剂 A	5
7	pH 值调节剂 B	10
8	微电解强化剂	1

10.4.5.6　生活污水处理配方优化

生活污水主要包括各种洗涤污水、垃圾污水、粪便污水等，多为无毒的无机盐类，根据这些特征，优化后的配方如下。

（1）优化过程。

生活污水处理过程中，所加的药品种类与生产污水处理过程中的种类基本一致，只是数量上有所不同，优化过程与前述配方一致。

（2）配方。

最终优化后的配方见表 10.4.15。

表 10.4.15　生活污水处理配方

序号	药品种类（名称）	加量（kg/m³ 污水）
1	复合高效除油剂	4
2	混凝剂	4
3	絮凝剂 1	4
4	破胶剂	6
5	氧化剂	6
6	pH 值调节剂 A	3
7	pH 值调节剂 B	6
8	微电解强化剂	1

10.4.5.7　固井添加剂处理配方优化

固井添加剂，主要成分为过期分散剂、消泡剂、降失水剂及缓凝剂，优化处理配方如下。

（1）优化过程。

固井添加剂本身就是各种化学药剂，因此处理过程中要配膨润土浆，然后与添加剂混合处理，因此主要区别在于配置一定量的膨润土浆，膨润土浆成分与常规一开钻井液类似。

（2）配方。

最终优化后的处理配方见表 10.4.16。

表 10.4.16　固井添加剂处理配方

序号	药品种类（名称）	加量（kg/m³）
1	膨润土浆	50m³
2	混凝剂	40
3	絮凝剂 1	4
4	破胶剂	6

续表

序号	药品种类（名称）	加量（kg/m³）
5	氧化剂	40
6	pH 值调节剂 A	5
7	pH 值调节剂 B	10
8	微电解强化剂	1

11 事故与复杂预防及处理预案

11.1 防卡钻

11.1.1 防坍塌卡钻

Lowvelocityshale 层位岩性为巨厚灰色—棕色泥岩与黑色页岩间互层，夹薄层砂岩。泥岩较硬、脆，容易产生水化作用，吸水膨胀，且浸泡时间越长越明显，局部易剥落。页岩层理明显，易剥落，局部页岩碳质含量高，且分布均匀，表现出碳质页岩特征。页岩易受多种应力影响，继而破碎进入井筒，造成工程风险；低速泥岩缩径问题及 Lowvelocityshale、SokorSandy 井段的页岩垮塌问题，大井斜增加了页岩的垮塌风险，滑动钻进时极容易发生卡钻事故。在钻进施工过程，一定要做好卡钻事故的预防工作。在预防坍塌卡钻方面，可以采取以下几条预防措施：

（1）表层与技术套管口袋尽量留少。

（2）缩短完井周期，在井壁发生坍塌之前下入套管。

（3）保持钻井液柱压力，起钻和停工期间灌好钻井液。起钻时注意观察灌入情况，防止抽吸。

（4）控制起钻、下钻速度，减少压力激动。井下正常情况下，裸眼起钻速度 0.15m/s，下钻速度 0.3m/s。下钻每 15 柱打通一次，必要时分段循环。每次开泵时先小排量，要从几冲开起，注意观察泵压变化和井口返出情况，并根据具体情况，再逐步增大到设计排量，一般从开泵到正常排量，不少于 20min。

（5）钻井液密度达设计上限，并根据实际适度调整。易水化膨胀泥页岩地层应提高钻井液的抑制性和封堵地层微裂缝的能力。

（6）尽量避免在胶结不好的地层井段循环、打通或划眼。

11.1.2 防粘卡钻

（1）使用优质钻井液。钻井液具有良好的润滑性，较低的固相含量和滤失量，具有合适的密度，具体参照钻井液设计。

（2）采用合理的下部钻具组合，减少钻铤使用数量，在钻柱中加随钻震击器。

（3）尽量减少钻具在井下的静止时间。钻柱静止时间不许超过 3min，随钻测斜前需要循环、划眼、大幅度活动钻具，正常后方可进行测斜。测斜时钻头提离井底不少于 2m，需重复测斜时，应再次大幅度活动钻具后再进行测斜。

（4）严格控制井眼轨迹曲率，全井曲率不超标，避免出现过大、过急的曲率，保证井身质量优良。

（5）在正常钻进时，如设备出现问题，不能建立起循环时应上提或转动钻具或短起钻至套管鞋内。

11.1.3　防沉砂卡钻

水平井井斜斜度大，岩屑不易清除，易造成沉砂卡钻。在预防砂卡方面，可以采取以下几条预防措施：

（1）在条件允许的情况下，适度增加排量，以增加上返速速。215.9mm 井眼钻进排量不低于 32L/s，374.7mm 井眼不低于 40L/s，采取"钻一划二"的方式修正井眼。

（2）钻井液具有良好的携岩性能，定期使用稠塞清扫井眼。起钻前充分循环洗井，并使用稠塞清扫井底。特殊情况下（"大肚子"井眼），可以采取两段塞的方式（清水＋稠塞）清扫井眼，确保井眼清洁。

（3）在地层松软、机械钻速快的时候，钻井液的岩屑浓度必然增大，应延长循环时间，待新钻岩屑举升到一定高度均匀分布后，再停泵接立柱或测斜。

（4）尽量避免在胶结不好的地层井段循环、打通或划眼。

（5）每钻进 150～200m 或 24h 短起下 1 次，起钻过程中可能有遇卡现象，坚持少提多放，疏通砂床；下钻可能遇阻，划眼速度要慢，反复划。

（6）每钻进一个单根都要大幅度上下活动钻具划眼，是搅动环空的岩屑，提高悬岩和携砂的能力，清除岩屑床。

（7）如发现振动筛面钻屑返出量较少、上提下放有阻力增加，可使用高黏度、高切力的断塞钻井液清扫井眼，并采用随时进行循环、短起下、划眼或稠塞清扫等方法处理。

（8）每次起钻或者短起时定向工程师进行摩阻校核，对摩阻较大的井段要及时分析原因，如果允许可以在该井段划眼循环，确保以后钻具能顺利通过该井段。

11.1.4　防划眼卡钻

二开井段有大段泥岩，该段泥岩易水化膨胀，剥落坍塌或缩径，或因大斜度段井眼清洁不良，起下钻时岩屑堆积，引起阻卡。在处理阻卡情况时，需要开泵循环、划眼。在划眼过程中，特别是在倒划眼过程中，易出现突然憋泵，钻井液不返，卡钻。分析主要原因是井内岩屑过多，在划眼过程中速度较快，大量岩屑被搅拌起来，在钻铤上部环空较大的地方上行速度下降，岩屑形成一定的堆积，倒划眼上提过程加速了岩屑堆积，造成环空憋堵，钻井液蹩入地层，岩屑失去上行力，增加卡钻风险。对此，应采取以下几条预防措施。

划眼原则：小排量划眼，正常后适当增加排量循环洗井；控制划眼速度，分段反复划；充分循环，及时清洁岩屑。

（1）用小排量控制速度划眼，每划 2～3m 提起反复一次，不能快并连续划眼行程过长。

（2）时刻注意观察泵压变化，控制泵压不超过原正常泵压，发现泵压升高，立即减小排量，疏通井眼岩屑，防止岩屑过多并堆积，引起还空憋堵卡钻。

（3）待划过的井眼提放钻具完全正常，泵压正常后，再接单根或立柱继续下划。

（4）带螺杆划眼顶驱转速控制要求：螺杆顶驱转速控制在 20～40r/min。

（5）划眼钻压 20～30kN。

11.1.5　防小井眼卡钻

（1）下入钻头或其他直径较大的工具时，应仔细丈量外径，不能将大于正常井眼的钻头或工具下入井内。

（2）起出的旧钻头，应检查磨损程度，如果发现外径磨小，下入新钻头时应至少提前50m 划眼，不能强行下钻。

（3）改变下部钻具结构，增加钻具刚性时应控制速度慢下，不允许在阻力超过 50kN的情况下强行下入。

11.1.6　防泥包卡钻

在泥岩段钻进过程，由于地层松软且粘接性强，岩层的水化力极强，切屑物易成泥团，并牢牢地黏附在钻头或扶正器周围，容易造成泥包卡钻。在预防泥包卡钻方面，可以采取以下几条预防措施：

（1）在软地层钻进，一定要维持低黏度、低切力的钻井液性能；

（2）在软地层钻进，要控制机械钻速，或增加循环钻井液的时间，降低钻井液中的岩屑溶度；

（3）在钻进时，要经常观察泵压和钻井液出口流量有无变化；

（4）如发现有泥包现象，应停止钻进，提起钻头，高速旋转，快速下放，利用钻头的离心力和液流的高速冲刷力将泥包清除；

（5）如已经发现有泥包现象，而又不能有效清除，起钻时要特别注意，不能再连续遇阻或有抽吸作用的情况下起钻，容易引起井喷，容易抽垮地层，更容易造成卡钻，最好的办法就是边循环钻井液边起钻，直到正常井段。

11.1.7　防水泥卡钻

在裸眼段内打水泥塞或者下入套管后打水泥固井，如果操作不当，容易造成水泥卡钻。在预防水泥卡钻方面，可以采取以下几条预防措施：

（1）入井水泥必须做理化试验，并要和井浆做混溶试验，掌握水泥浆的稠化时间、初凝时间、终凝时间，施工时间要控制在稠化时间的一半以内。

（2）打水泥塞的钻具下光钻杆，不能带钻头、钻铤。

（3）钻井设备和注水泥设备一定要完好，保证施工连续。

（4）在注水泥过程中，要不停地活动钻具，以防止发生钻具粘卡事故。

（5）在设计水泥塞顶部循环钻井液将多余的水泥浆替出时，在残余水泥浆还没有完全返出井口以前，不能随意停泵或倒泵，要不停地上下或转动活动钻具。

（6）探水泥塞的时间不能过早，一定要等到水泥终凝以后再探，钻具下到预计井深，先循环钻井液，使上部井眼畅通，然后停泵逐步向下试探，遇阻后不能硬压，应立即提起钻具，再开泵向下试探。

11.2 处理卡钻

卡钻是钻井施工中的重大工程事故，轻则损失部分钻具，重则报废大段进尺甚至造成工程报废，对甲方和承包方都会造成重大损失。一旦发生卡钻，尽量维持或建立循环，首先分析卡钻原因，确定卡钻性质，再决定处理方法。上提拉力、施加扭矩、下砸、震击等都要充分考虑钻柱强度、设备情况，附加安全系数，检查钻井设备、提升系统，并按项目部有关规定执行。

（1）如果确定为粘卡，维持循环，可加大排量，上提震击、施加安全扭矩、下压钻具。如果无效，可根据地层岩性及实际情况，考虑泡解卡剂。

（2）如果确定为沉砂卡钻，维持循环，改变排量，调整钻井液流变参数，疏通环空，上提向下震击。

（3）如果确定下钻遇小井眼卡钻，可循环，上提向上震击，尽量向上处理。

（4）如果确定为缩径卡钻，尽量向下处理，以下砸、向下震击为主。

（5）如果在倒划眼过程中发生卡钻，卡钻初期要尽量以向下处理，避免大力上提。如果能开泵，要尽量开泵，保持循环，小排量提放钻具，疏通井眼。

（6）使用震击器连续震击时，井深在1500m以内要甩掉顶驱，接方钻杆。

11.3 防止出新眼

该区块的地层较软，施工过程都存在在这些地层起钻后下钻遇阻，必须划眼才能下钻到底的问题，而且这两个地层一旦划眼，很容易出现新井眼。为避免出现新井眼应该做好以下几方面工作：

（1）对钻井液性能的要求参照钻井液设计。

（2）轨迹控制时要严格控制狗腿度，避免出现过大的狗腿度，尽量使井身轨迹保持平滑。

（3）按照要求进行短起下作业，如井下不正常应起过复杂井段或起至套管内。根据钻屑返出情况，最多每200m就必须从下而上分段划眼循环，清理砂床。若遇井下复杂，应加密分段循环清砂。

（4）下钻遇阻时禁止强行下压（下压不超过50kN），遇阻后，首先通过改变钻具的方向尝试下钻，如果能顺利通过，在遇阻段开泵循环清洗井眼，保证停泵后上提下放正常方可继续下钻。如果改变钻具的方向后下钻继续遇阻，可以低排量划眼，划眼过程以冲、通为主，但下放幅度控制在每次不超过 3m，尽可能避免连续划眼。如果划眼困难，应更换专用划眼工具通井划眼。

11.4 防止钻具事故

（1）正常钻进时，钻压、排量、顶驱转数等参数不超过钻具额定范围。

（2）每趟起钻对钻柱仔细检查，在确保正常后方可下井继续使用。

（3）坚持钻具倒换，避免钻具疲劳破坏。每趟钻必须轮流错扣起钻，并记录在案，防止刺断钻具事故的发生。

（4）入井钻具、工具准确丈量内径、外径和长度，并有详细记录；各种接头和特殊工具必须有示意图。

（5）钻进中注意泵压变化，防止刺、漏、断钻具；在每次起钻时仔细检查钻具，及时发现疲劳、损坏钻具，保证入井钻具完好。

（6）遇卡上提钻具拉力根据钻具新度确定，优级钻杆小于 1650kN，上下连续提放时间不超过 2h，不能在大力提拉或下砸的同时施加扭矩。

11.5 防止定向仪器故障

尼日尔地区水平井将使用中国北石近钻头钻井系统对全井井斜、方位进行监测。为保证随钻测斜仪能正常工作，在施工过程，严格按照以下要求进行操作；

（1）定向井做好仪器和人员准备工作，确保仪器精度和工作的可靠性。每趟钻起钻前提前准备好下趟钻入井仪器，确保下井仪器能正常工作。

（2）仪器下井前进行地面测试，在井口进行试运行，下钻过程进行中途测试。

（3）下钻速度要平稳，不得猛提、猛放，防止仪器脱键或因冲击造成损坏。

（4）保证钻井液泵上水良好，空气包充气。

（5）为了防止循环缸中砂子吸入，各开次开钻前掏 1 次上水罐，及时清理锥形罐，同时在立管下放入新的滤清器，并定期检查、更换。

（6）仪器下井后必须使用钻杆滤清器，防止碎物堵塞仪器，并且及时清洗接单根换下的滤清器。

（7）泥浆工在配制钻井液时切勿把装钻井液料的塑料袋扔入钻井液罐内，防止塑料袋堵塞定向仪器。在加入处理剂时，要均匀加入，高分子处理剂要经过水化处理后再加入防止出现成团、成块现象阻塞仪器，严禁仪器使用过程中，向钻井液中加入塑料小球、玻璃微珠、堵漏材料。

（8）坚持使用净化设备，钻井液含砂量控制在 0.2% 以内，避免仪器冲蚀或砂卡。

11.6 井控预防

（1）必须按设计标准化安装井控设备，试压合格后方可开钻。

（2）钻开油气层前钻井液密度符合设计要求和井下安全的需要。

（3）开揭油层前井场必须储备足够的加重材料、堵漏材料和钻井液处理剂。

（4）认真落实井控的九项制度和十大禁令。特别是溢流观察的岗位落实，罐区要有专人观察，严格执行"发现溢流立即关井，疑似溢流关井检查"的原则。

（5）起钻严防抽吸，发现抽吸立即停止起钻。

（6）进入油气层后，起钻前必须测后效，在保证安全的前提下方可起钻。

11.7 防 H_2S

为了使钻井作业人员能够有效地应对 H_2S 溢出和中毒事件，保障人员的生命安全和身体健康，严格按照以下几点要求进行操作：

（1）配备足够好用的固定和移动式 H_2S 探头或检测仪，H_2S 气体涌出时安全探测器发出报警信号，钻台工作人员立即停止作业，并根据 H_2S 浓度采取相应措施，若 H_2S 浓度达到20ppm应立即戴上防毒面具，其他人员撤离到上风口。

（2）司钻立即向带班队长报告，带班队长马上向平台经理、甲方监督汇报同时采取相应措施并通知医生到达现场。平台经理向项目部、CNPC 或当地政府汇报，以获得帮助。

（3）一旦收到带班队长的撤离通知，所有人员应迅速离开井场，转移到安全区域。

（4）必要时，应协助危险区域的居民撤离。

（5）为保证安全，未经许可，无关人员不得进入井场。

（6）如有人员中毒，要立即展开现场救护，并向项目部汇报，联系交通工具和医院。

11.8 防止井漏

为保证尼日尔地区水平井顺利施工，避免施工过程出现井漏事故发生，要严格按照以下要求进行施工操作：

（1）做好地质分析，判断地层的薄弱位置。根据预告的地层压力，并结合实钻情况，及时合理地调控钻井液密度，在保证井下安全的前提下，钻井液密度尽量走设计下限。

（2）充分利用一切净化设备，有效降低钻井液的有害固相含量。

（3）每次起下钻、短起下之前必须循环至少一个迟到时间才能进行起钻或者短起作业。

（4）每次下钻、短起下时严格控制下放速度，分段打通水眼、循环钻井液，避免产生激动导致井漏，离井底提前至少一个立柱开泵。

（5）每次开泵必须先小排量循环，待泵压正常、钻井液返出正常后逐渐增大排量。

（6）钻井液维持较低的静切力，避免激动压力过大造成井漏。

（7）维持优良的钻井液防塌性、防卡性、流变性和失水造壁性，以保证井壁的稳定、井眼的净化和有效的环空水力值，从而避免环空泥环、砂桥、钻头泥包等引起的阻卡造成的井漏（参照钻井液预案）。

（8）如果出现憋泵现象，必须立即减少排量，然后上提钻具。

（9）钻进油气层、易漏层段，维护处理加重时要严格坚持"连续、均匀、稳定"的原则，以免局部钻井液密度过高而压漏地层。处理钻井液时，井内钻井液密度波动不大于 $\pm 0.02 \mathrm{g/cm}^3$。

（10）在易漏地层钻进时，应控制排量和钻速，降低环空流动阻力和钻屑浓度，减小钻井液循环当量密度，避免压漏地层。

（11）在易漏地层控制起下钻速度，尽量减小激动压力。

11.9 防止落物

为保证尼日尔地区水平井顺利施工，避免施工过程出现钻具掉井事故和落物卡钻事故，严格按照以下要求进行操作：

（1）定时检查所有的井口工具，尤其是大钳、卡瓦和吊卡。

（2）凡下井的钻具和工具必须是检验合格的产品，下井前还要再次进行仔细检查。

（3）下钻时，涂好螺纹脂，按标准扭矩紧扣，防止钻具脱扣落井。

（4）每次起下钻时认真检查钻具，发现损坏钻具及时更换。

（5）钻进时注意观察泵压变化，泵压下降立即检查地面设备，若无异常时立即起钻检查下井钻具。

（6）运用综合录井仪检测参数判断螺杆、钻头使用情况，防止螺杆、钻头掉井事故。

（7）井口操作时要防止工具落井。

11.10 下套管

（1）下套管前应收齐全井身结构、实际井深、钻具组合、各造斜点位置、井斜及其方位、水平位移、井温、电测井径、钻井液性能、地层流体性质、裸眼段地质分层及岩性、井下工程情况等资料，充分考虑下套管中可能出现的风险，并根据实际制定预案。

（2）组织对套管进行清洗螺纹、丈量、挑选，通内径，将合格套管按下井顺序进行编号，涂匀套管密封脂；将复查不合格的套管涂上明显标记，并与合格套管分开，计算复查准确无误。

（3）对井队设备进行保养，保证下套管过程设备运转正常，各岗位进行周密组织和配合，分工明确。

（4）各开次下套管前，应先通井。根据通井起钻情况可选用上述通井钻具组合通井。

（5）通井到底后循环至少 3 周，配合稀稠塞清洁井眼。然后短起至上一层套管内，再下到井底，如果一切顺利，可用润滑剂封闭裸眼井段起钻准备下套管。否则继续反复循环通井，以保证井眼畅通无阻。

（6）下套管前准备好各种工具和附件。

（7）下套管时按规定扭矩上扣并记录，同时观察三角标记。

（8）下入过程坚持灌好钻井液。

（9）下入过程中遇阻不超过 100kN，否则需上下活动套管，如果无效，可用顶驱 10r/min 适度旋转套管或接循环头小排量循环。

（10）下完套管灌满钻井液后方可开泵，观察泵压变化，排量由小到大，确认泵压无异常变化和井下无漏失后，将排量逐渐提高到固井设计要求。

（11）套管下完的深度达到设计要求，复查套管下井与未下井根数是否与送井套管总数相符。

11.11 其他工况

11.11.1 开泵

（1）下钻中途或下钻到底开泵时，一定要非常小心，要从几冲开起，观察泵压变化和返出情况，开泵泵压要控制小于原正常排量时的泵压。

（2）逐步增加泵冲，依据钻井液性能和井深不同确定具体时间。一般从开泵到正常排量，不少于 20min。

（3）中途开泵循环要避开在泥岩或疏松地层循环，避免井眼坍塌或出现"大肚子"井眼。

11.11.2 起下钻

（1）起下钻严格控制运行速度，井下正常情况下，裸眼起钻速度 0.15m/s，下钻速度 0.25m/s。

（2）起钻遇卡不可强行上提，应控制在 100kN 以内。应用 TDS 循环，在下部正常情况下，逐步向上划眼，若遇卡钻应以向下处理为主。

（3）下钻遇阻不可强压，应控制在 100kN 以内。在上部正常情况下，使用 TDS 下划，控制划眼速度，若遇卡钻应以向上处理为主。

11.11.3 井眼清洁

在大斜度井段，易形成岩屑床。如果岩屑床不能有效的清除，就可能发生井下复杂情况和事故，直接影响施工速度，增加钻井周期和成本。因此，必须保证井眼清洁。

（1）排量选择。在钻井设备、工具、仪器允许的条件下，尽力采用较大的排量，以提高环空返速。在此排量范围内，综合考虑设备、仪器的承受能力，放大钻头喷嘴直径，控制总泵压在合理范围，保证整体设备、工具、仪器运行效率。

（2）钻井液流变参数控制参照钻井液方案。钻井液的流变性同样非常重要，要根据排量确定钻井液流变性能，使之更加合理，达到及时有效井眼净化的目的。这样，可避免因钻井液流变性引起泵压过高，滤饼过厚，摩阻增加等问题。

（3）短程起下钻。短程起下钻是清除岩屑床的有效办法。正常情况下，每 150～200m 或每 24h 进行 1 次短起下钻，起下钻前后需要循环一个迟到时间。如果钻进中发现扭矩增大或振动筛岩屑返出量明显减少，要减少短起下间隔时间，随时短起下，以及时破坏岩屑床，保证井眼清洁。

（4）定期采用稀稠塞进行井眼清扫。钻进过程中不要盲目抢进尺，要多增加循环时间，定期或根据井下情况及时用稀稠塞清扫，以助于携岩。

12 钻井提速技术

12.1 减磨降阻技术

12.1.1 高效润滑剂

绿色环保的有机硫型极压抗磨剂、高效润滑剂 MPA 钻井液处理剂，能有效改善滤饼质量；MPA 在水中极易分散，能在水基钻井液中分散成纳微米乳液，能对滤饼或页岩的纳/微米孔缝有效封堵。

通过实验对比两组密度不同的钻井液体系添加 2%MPA 后，其极压润滑系数显著降低见表 12.1.1；说明 MPA 具有强润滑性，能明显增强水基钻井液体系的润滑效果，起到良好的润滑减阻的作用。

表 12.1.1 不同配方钻井液润滑系数的对比

配方编号	密度（g/cm³）	MPA加量	水参数	体系参数	校正因子 CF	润滑系数	润滑系数变化率（%）
1#	1.12	0	37.6	16.2	0.904	0.1465	
2#	1.12	2%	37.3	8.4	0.912	0.0766	↓ 47.7
3#	1.28	0	46.8	21.9	0.726	0.1591	
4#	1.28	2%	44.5	8.5	0.764	0.0649	↓ 59.2

注：配方 1#：2%Bentonite+0.4%NaOH+0.8% DR-1+0.3%PAC-LV+3%HCOOK+0.3%EMP+1%SIAT+Barite；

配方 2#：配方 1#+2% MPA；

配方 3#：2%Bentonite+0.4%NaOH+0.8%DR-1+0.3%PAC-LV+3% KCl+0.3%FA367+Barite；

配方 4#：配方 3#+2% MPA。

12.1.2 偏心扩眼器

偏心扩眼器是针对水平井钻进时岩屑床堆积带来的摩阻扭矩大、托压严重等难题而研发的工具，工具随钻柱旋转过程中，可通过特殊设计的 V 形螺旋叶片搅动产生紊流从而将岩屑颗粒重新悬浮，并通过叶片刮削作用清除岩屑床，实现井眼净化，有效降低摩阻扭矩，保证起下钻、电测、下套管等作业安全顺利，如图 12.1.1 所示。

岩屑床清除工具由本体、流体变速截面、下螺旋叶片和上螺旋叶片组成，随钻柱旋转过程中，流体变速截面将环空中处于层流状态的钻井液进行一次扰流变速，再通过"V"形螺旋叶片搅拌和刮削作用重新悬浮岩屑床，并将岩屑颗粒循环出井，如图 12.1.2 所示。

图 12.1.1 清除岩屑示意图

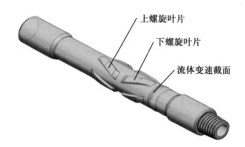

图 12.1.2 岩屑床清除工具组成

机械偏心式随钻扩眼器主要有上下连接扣、本体、上下偏心扩眼刀翼组成，上下两组刀翼呈镜像对称布置，上偏心刀翼沿内螺纹端俯视呈顺时针，刀翼面敷焊有金刚石复合片切削齿，具有一定的攻击性。

该工具本身没有活动部件，所以可避免扩眼刀翼落井的危险。由于扩眼总成呈不对称分布，钻柱旋转所形成的离心力，迫使扩眼总成沿径向外移进行破岩扩眼作业。机械偏心式随钻扩眼器采用硬质合金为支撑，金刚石复合片为切削齿，并在几何形状方面进行了布置，以提高切削能力，缓解切削齿破碎和磨损的速度。切削齿表面高度抛光，以减少剪切应力，改善排屑能力。通过对扩眼刀翼的设计来实现从通过直径到扩眼井径的平滑过渡，使系统更加稳定。机械偏心式随钻扩眼器可直接连接于钻具组合中，工具随钻柱旋转传递扭矩，采用偏心结构，并且在螺旋翼上镶嵌切削齿，实现扩孔后比原井眼尺寸稍大（图 12.1.3），同时采用双切削结构能实现倒划眼作用。

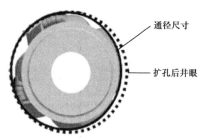

图 12.1.3 偏心扩眼器扩眼前后示意图

12.1.3 水力振荡器

随着大位移井数量的增加和水平位移的不断延伸，其钻进模式面临着更大的挑战。全金属水力振荡器是一种用来解决井底托压的井下工具，尤其适合在水平井、大位移井中使用。它可以与 MWD、井下动力钻具以及任何钻头相配合。该工具通过自身产生的纵向振动来提高钻进过程中钻压传递的有效性和减少底部钻具与井眼之间的摩阻，因此可以在各种钻进模式中应用，特别是在使用动力钻具的定向钻进中改善钻压的传递，减少钻具组合粘卡的可能性，减少扭转振动，从而大幅提高钻井效率。

水力振荡器的工作主要由振动短节和动力短节两大部分组成，如图 12.1.4 和图 12.1.5 所示。

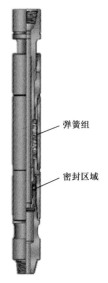

图 12.1.4　振动短节

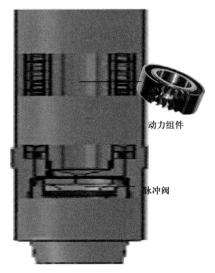

图 12.1.5　动力短节

全金属水力振荡器工作原理为：依靠动力部件驱动脉冲阀高速旋转，脉冲阀旋转过程中过流面积发生周期性变化，从而产生周期性的压力脉冲（图 12.1.6），冲击振动部件产生轴向窜动，最终作用在钻具组合上，使钻具组合产生将钻具组合与井壁之间的静摩擦转变为动摩擦，进而降低摩阻，提高钻具组合延伸能力。

基于流体涡流自激震荡原理，研制的具有国际先进水平的新型水力振荡器，压力脉冲能力提高 50% 以上，自主设计水力振荡器规格型号见表 12.1.2。

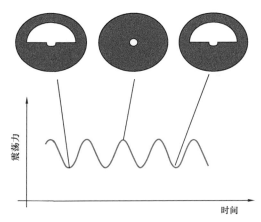

图 12.1.6　脉冲阀在转动过程中的脉冲压力变化

表 12.1.2　自主设计水力振荡器规格型号

型号	连接螺纹	最大外径（mm）	接头外径（mm）	安装长度（m）	推荐流量（L/s）	工作频率（Hz）
CQWZ-127	HLST39B×HLST39P	127	127	0.839	13～24	14～26
CQWZ-135	HLST39B×HLST39P	135	135	1.09	13～24	10～20
CQWZ-172	410×411	172	172	1.91	≥28	10～14
CQWZ-184	410×411	184	165	1.61	≥26	6～13

12.2 钻井参数优化

模拟计算 CGDS 钻具组合钻进井眼清洁最小排量。

12.2.1 Dibeilla NH-6 井井筒磨阻系数拟合

根据实钻井眼 BHA（表 12.2.1）、钻井液密度及性能（表 12.2.2）、井眼轨迹（图 12.2.1）、起下钻大钩载荷（图 12.2.2），模拟计算 0～1518m 井段摩阻系数。

表 12.2.1　底部钻具组合（BHA）

名称	外径 / 内径 （mm）	长度 （m）
钻头	311.2	0.28
打捞杯	203/178	1.05
浮阀	172/72	0.80
加重钻杆	127/76	281.21
螺旋钻铤	177/72	54.12

表 12.2.2　钻井液性能

项目	6# 罐	6# 罐	6# 罐
取样时间	7：30	18：00	23：55
取样深度（m）	1518	1518	1525
出口温度（℃）	52	52	52
钻井液密度（g/cm³）	1.22	1.22	1.22
漏斗黏度（s）	62	61	61
$\phi600/\phi300$	78/54	83/56	83/56
$\phi200/\phi100$	40/26	45/30	45/30
$\phi6/\phi3$	5/3	6/4	6/4
塑性黏度（mPa·s）	24	27	27
屈服值（Pa）	15.0	14.5	14.5

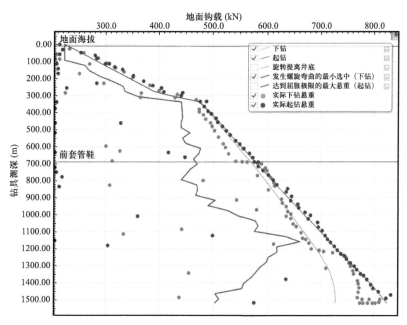

图 12.2.1 ϕ312.2mm 牙轮 + 打捞杯钻具组合起下钻钩载

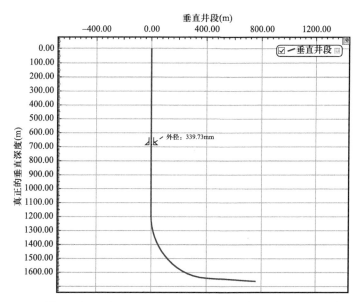

图 12.2.2   模拟用轨迹（0-1528.9m 为实钻 Survey 轨迹，-TD 为设计轨迹）

模拟计算显示，Dibeilla NH-6 井 0～1518m 井段摩阻系数见表 12.2.3。

表 12.2.3   模拟计算摩阻系数

工况	套管	裸眼
下钻	0.35	0.40
起钻	0.20	0.25

12.2.2 CGDS 钻具组合井眼最小清洁排量计算

根据当前 Dibeilla NH−6 井 0～1518m 井筒状况，模拟计算 CGDS BHA 1528～1875m（二开 ϕ312.2mmTD）井眼清洁最小排量（图 12.2.3 和图 12.2.4）。计算得当前井筒条件下，CGDS BHA 井眼清洁最小排量为 58.54L/s（钻井液密度 1.22g/cm^3）、56.64L/s（设计钻井液密度 1.25g/cm^3）。

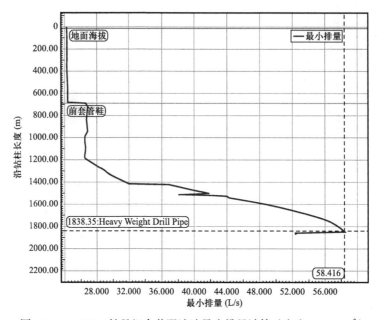

图 12.2.3　CGDS 钻具组合井眼清洁最小排量计算（密度 1.22g/cm^3）

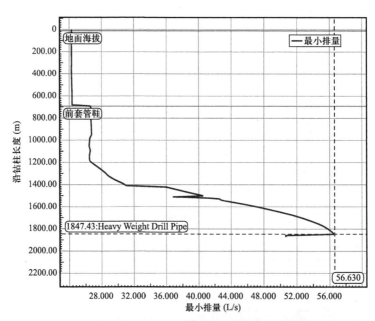

图 12.2.4　CGDS 钻具组合井眼清洁最小排量计算（密度 1.25g/cm^3）

12.3 丛式井钻机改造

12.3.1 工厂化钻井技术简介

工厂化钻井是井台批量钻井（Pad Drilling）和工厂化钻井（Factory Drilling）等新型钻完井作业模式的统称，是指利用一系列先进钻完井技术和装备、通信工具，系统优化管理整个建井过程涉及的多项因素，集中布置进行批量钻井、批量压裂等作业的一种作业方式。这种作业方式能够利用快速移动式钻机对单一井场的多口井进行批量钻完井和脱机作业，以流水线的方式，实现边钻井、边压裂、边生产。

技术优势：

（1）系统高度集成性。集成先进的技术设备，能够快速实现井间移运。

（2）井间快速移动性。配备滑移系统，满立根井间快速移动。

（3）防喷器快速装卸。快速装卸和移动防喷器组，缩短作业时间。

（4）批量流水线作业。对多口井进行流水线批量化作业，极大缩短作业周期。

（5）批量钻井：先一次完成同一井场所有水平井的表层井段的钻井和固井作业，再用一次完成各井二开井段的钻井和固井作业，以此类推完成整个平台的钻井作业。

12.3.2 尼日尔丛式井要求

由于尼日尔 Agadem 区块为沙漠油气田，为降低钻井机具搬迁和材料运输工作强度、降低钻井及后期运维成本，采用丛式井方式钻井；由于油藏构造为南北向长条状构造特征，加之井深相对较浅，单个井场钻井数量不宜过多，应根据井位部署情况，结合钻井施工难度及钻井成本优选丛式井规模及井场位置；丛式井钻井采用批钻模式，提高钻机运行效率及材料重复利用率，进而降低钻井成本；为方便钻机平移作业及后期作业要求，井口槽布置为单排槽口，井间距为 6m。

依据尼日尔 Agadem 区块的开发特点，以及工厂化钻井技术在类似区块的成熟应用经验，结合尼日尔前期形成的成熟作业模式，在技术和管理上形成适合尼日尔 Agadem 区块特点的"尼日尔丛式井技术"。

12.3.3 尼日尔丛式井钻机改造及装备配套

12.3.3.1 丛式井钻机设备配套改造要求

现有钻机主机整体移运系统改造遵循"安全、可靠、经济、实用、方便"的原则；改造后钻机主机不进行拆装可携带满立根钻具整体直线平移，一次性最多可钻 5 口井（井间距 6m），最大平移距离 24m，1# 钻井液罐采用吊车吊运，在 1# 罐和 2# 罐之间需增加转浆系统，其余钻井液罐以及钻井液泵、发电房、VFD 房等设备保持在原来位置；平移时主机井口套管头不高于地面200mm。对于少量8口井平台，采用平移4口井后搬家一次方式解决；平移过程中井口不安装采油树。

12.3.3.2 丛式井钻机设备配套改造

在钻机底座（40DB含绞车，低位）下方安装1套移动导轨，底座通过连接在端部的两套液缸拖动，可携带满钻具在导轨上平移。钻机主机平移时，钻井液罐、钻井液泵、发电房、VFD房及液气分离器等设备固定不动（小营地预先于最远井位60m外就位），顶驱电控房、井控房及井口装置等跟随主机移动。加长地面高压管汇及地面电缆槽，更换绞车、钻台区、顶驱电控房等所有电缆（原电缆单井作业时使用）；加长钻井液导流管，使钻井液能够顺利返回1#钻井液罐。钻机轨道式移动系统包含移运系统、高架导流槽、动力传输三部分。

钻机底座及绞车下方座通过连接在端部的两套液缸拖动，以3mm/s速度在导轨上携带满钻具平移。钻井液罐（1#罐除外）、钻井液泵、发电房、VFD房等设备位置不变。加长地面高压管汇及地面电缆槽，加长绞车及钻台区电缆，新电缆与原电缆之间采用电缆转接箱。

钻机主体采用轨道式移动系统，将钻机主体安装在两组轨道上，通过安装在底座两侧的双作用液缸同步工作，满足钻机在工厂化钻井施工范围内往返移动。

设计高架导流管实现钻井液的回流，在高架导流管底部设置钻井液、放喷、工业水、气、补给等管线，满足井口钻井液回流的要求。

设计地面电缆槽和折叠电缆桥架，满足钻台设备动力输送和控制的要求。

ZJ40D钻机工厂化钻井组施工改造示意图如图12.3.1所示，第一口井作业位置图如图12.3.2所示，最后一口井作业位置图如图12.3.3所示。

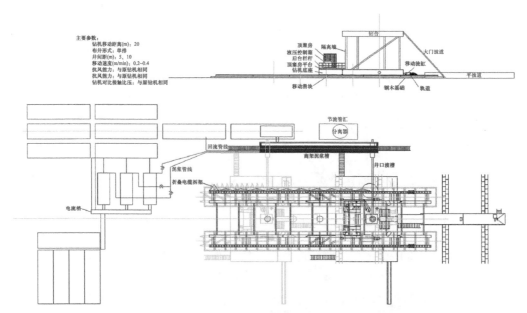

图12.3.1 ZJ40D钻机工厂化钻井组施工改造示意图

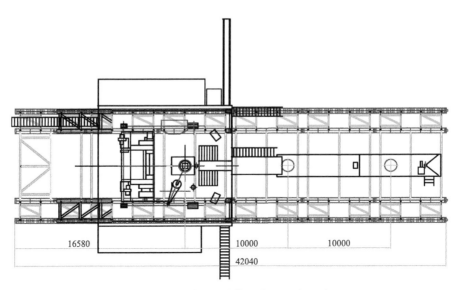

图 12.3.2　第一口井作业位置图（mm）

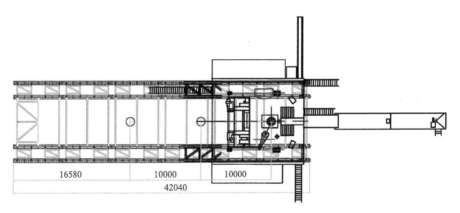

图 12.3.3　最后一口井作业位置图（mm）

12.3.3.3　移动系统改造

移动系统是丛式井钻机快速移运的关键装备。目前国外工厂化作业钻机的平移技术已经很成熟，根据加装或配套平移装置的不同，工厂化作业钻机主要有滑轨式和步进式两种类型。由于步进式移动系统对钻机及地面整体要求较高，尼日尔丛式工厂化钻机选用了滑轨式移动系统对钻机底座进行了改造。

滑轨式移动系统（图 12.3.4）主要由组合式滑移轨道底座和液压平移装置两部分组成。井场第 1 口井钻机安装前，在基础上铺设组合式滑移轨道底座，并使其方向与井口连线方向平行，然后在滑移轨道底座上安装钻机及其他地面设备，需要在井间进行平移时，通过液压平移装置推动钻机在滑轨上移动。

（1）组合式滑移轨道底座。

设计轨道长度为 37.5m，满足钻机主机在 20m（10m×2）范围内的移动。导轨高

400mm，左右两侧均为片架结构，由两根主梁一根辅梁组成，辅梁用来支撑井架，两主梁中心宽与钻机底座中心相对应。两侧片架沿井口槽对称分布，每侧均分为6节，节与节之间用销子耳板连接，每侧导轨的6节之间在安装时具有互换性，保证现场安装快捷、方便。轨道布置如图12.3.5所示，钻机平移底座如图12.3.6所示，钻机限位装置与平移底座如图12.3.7所示。

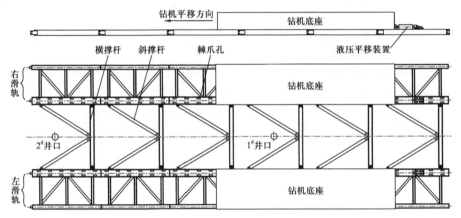

图 12.3.4　滑轨式移动系统示意图

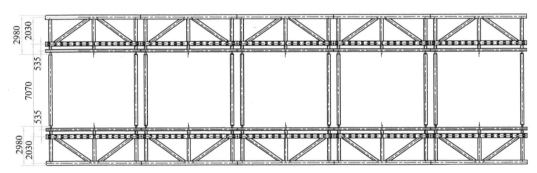

图 12.3.5　轨道布置图（mm）

图 12.3.6　钻机平移底座

图 12.3.7　钻机限位装置与平移底座

内侧导轨主梁上开方孔，与棘轮装置共同为液缸提供止动作用。两个液缸推动或拉动钻机底座在导轨上移动。在底座两侧设限位机构，防止钻机移动时偏离轨道。左、右导轨连接安装完成后，左、右导轨主梁之间的总中心宽度应该与钻机左、右基座之间的总中心宽度相同。

（2）液压平移装置。

采用液压移动系统（图12.3.8）实现钻机的移动，液压移动部件主要包括液压站、双作用液压缸、控制装置及管线、棘爪装置。液压站为钻机移动的动力源，为执行部件液压缸提供动力。控制装置实现两部液缸的同步、换向、速度调节。液压平移装置主要技术参数见表12.3.1，液压系统的额定压力为31.5MPa，两部液缸同时作用，推（拉）动钻机移动。制台内装有同步阀，控制两支液缸同步动作，避免合力倾斜。

图 12.3.8　液压平移装置改造现场图片

表 12.3.1　液压平移装置主要技术参数

钻机移动需要的最大静摩擦力	$608 \times 0.25 = 152$tf（40DB） $700 \times 0.25 = 175$tf（50DB）
液缸额定压力	16MPa
液缸理论拉力 × 数量	120T×2 组 =240tf
液缸理论推力 × 数量	160T×2 组 =320tf
平移液缸行程	580mm
活塞杆直径	ϕ160mm
平移液缸直径	ϕ360mm
推移速度	3mm/s

12.3.3.4 水平井钻机平移改造

水平井采用裸眼筛管完井，地层流体与井筒连通，完钻后需临时封井进行下一口井作业，完钻井口设计需兼顾井控风险、现场钻机平移实际等因素。

采用裸眼筛管完井水平井完钻后临时封井，井口安装油管头/采油树。钻机底座装有拉筋，丛式井平移导轨高度 0.4m，水平井井口安装油管头后，高度超过钻机底座拉筋，影响钻机平移。改造钻机拉筋以适应钻机平移需要，钻机拉筋改造前后如图 12.3.9 所示。

图 12.3.9　钻机拉筋改造

12.4　钻头评价与优选

根据前期施工情况优选水平井钻头。

12.4.1　φ444.5mm 钻头优选分析

φ444.5mm 井段全部使用牙轮钻头，共使用了四种型号：W111、SKG115、GJ115C 和 Gj435J。根据井身结构的不同，φ444.5mm 钻头可用于导管或表层套管层位的钻进。统计显示，W111 及 GJ115C 型号三牙轮钻头全部应用于导管井段的钻进。SKG115 及 GJ435J 型号牙轮钻头主要用于表层套管井段钻进。

钻头表现分析显示（表 12.4.1 和图 12.4.1），用于表层套管的 SKG115 及 GJ435J 钻头表现明显优于钻导管钻头。

表 12.4.1　φ444.5mm 井眼钻头优选表

井眼（mm）	地层	钻头型号	平均进尺（m）	平均机械钻速（m/h）
444.5	Recent	W111	92	71.08
		SKG115	765.49	467.29
		GJ115C	60	67.50
		GJ435J	383.25	57.99

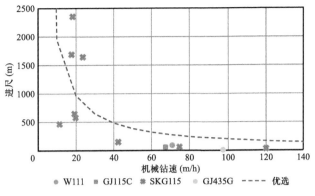

图 12.4.1 ϕ444.5mm 井眼钻头优选

12.4.2 ϕ312.2mm 钻头优选分析

ϕ312.2mm 井眼根据钻遇地层岩性的差异，选用型号为 HAT117G 牙轮钻头，以及型号为 KS1952SGR 的 PDC 钻头。两种钻头钻进井段为表层及技术套管井段，HAT117G 牙钻钻头主要钻遇浅层 Recent 砂岩地层及 Sokor Shale 泥岩地层，平均进尺 234.67m，平均机械钻速 5.29m/h。KS1952SGR 的 PDC 钻头主要钻遇 Sokor shale 泥岩地层及以下 Low velocity shale 地层、Sokor sandy alternace 含油气泥岩地层，平均进尺 1172.67m，平均机械钻速 10.84m/h，见表 12.4.2。

表 12.4.2 ϕ311.2mm 井眼钻头优选表

井眼（mm）	地层	钻头型号	平均进尺（m）	平均机械钻速（m/h）
311.2	Recent	HAT117G	234.67	5.29
	Recent	KS1952SGR	1172.67	10.84

两种钻头综合指标优选情况如图 12.4.2 所示，PDC 钻头无论在完成进尺及机械钻速上明显优于牙轮钻头指标。

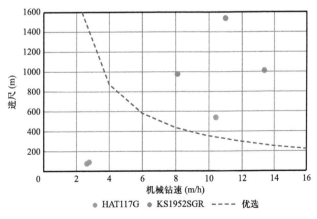

图 12.4.2 ϕ311.2mm 井眼钻头优选

12.4.3 ϕ215.9mm 钻头优选分析

ϕ215.9mm 井眼主要为油层套管井段，使用了 5 种型号的 PDC 钻头。钻遇地层跨度大，岩性变化大，通常 ϕ215.9mm 井段需要使用 1～2 只 PDC 钻头，并配合牙轮钻头通井。

优选分析结果显示（表 12.4.3 和图 12.4.3），型号为 MS1653GU、M1653GU 的 ϕ215.9mm PDC 钻头综合性能稳定，性能较优。SP1675 钻头虽然平均进尺及平均机械钻速在 M1653GU 之上，但实际应用中个别井表现指标在总体平均值以下。

表 12.4.3 ϕ215.9mm 井眼钻头优选表

井眼（mm）	地层	钻头型号	平均进尺（m）	平均机械钻速（m/h）
215.9	Recent、Sokor shale、Low Velocity Shale、Sokor sandy Alternaces、Madama、Yogou	GS516	1676.13	34.66
		MS1653GU	2353.99	26.49
		M1653GU	1956.28	20.31
		SP1675	2224.20	13.05
		SP605	1585.00	21.90

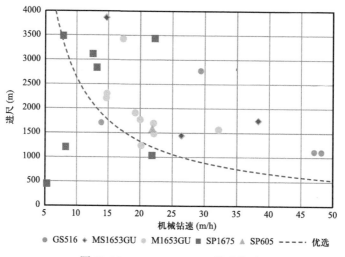

图 12.4.3 ϕ215.9mm PDC 钻头优选

12.4.4 钻头优选结果

一开井段：优选使用牙轮钻头；二开及三开井段：主体使用 PDC 钻头，配合使用高效牙轮钻头，可提高机械钻速，降低钻井成本。Agadem 区块水平井钻头优选结果见表 12.4.4，ϕ444.5mm 井眼选用 SKG115 或 GJ435J 型号钻头，ϕ311.2mm 井眼选用 HAT117G 或 KS1952SGR 型号钻头，ϕ215.9mm 井眼选用 MS1653GU 或 M1653GU 型号钻头。

表 12.4.4 Agadem 区块水平井钻头优选结果

钻头尺寸（mm）	钻头类型	平均机械钻速（m/h）	平均进尺（m）
444.5	SKG115	765.49	467.29
	GJ435J	383.25	57.99
311.2	HAT117G	234.67	5.29
	KS1952SGR	1172.67	10.84
215.9	MS1653GU	2353.99	26.49
	M1653GU	1956.28	20.31

参 考 文 献

［1］李万军，周海秋，王俊峰，等.北特鲁瓦油田第一口长水平段水平井优快钻井技术［J］.中国石油勘探，2017，22（3）：113-118.

［2］孔祥吉，周玉斋，钱锋.尼日尔Agadem油田大斜度井试油工艺探讨［J］.油气井测试,2015,24（5）：56-57+61+78.

［3］Tengfei Sun, Feng Qian, Xiangji Kong. The Application of Artificial Fish Swarm Algorithm in the Optimization of Well Trajectory［J］. Chemistry and Technology of Fuel and Oils, 2016, 21（15）：4937-4944.

［4］侯学军，孔祥吉，钱锋，等.Agadem油田新型个性化PDC钻头提速应用研究［J］.重庆科技学院学报（自然科学版），2019，21（2）：1-5.

［5］Wang Gang, Fan Honghai, Feng Jie, et al. Performance and application of high-strength water-swellable material for reducing lost circulation under high temperature［J］. Journal of Petroleum Science and Engineering, 2020, 189: 106957.

［6］Wang Gang, Fan Honghai, Guancheng Jiang. Rheology and fluid loss of a polyacrylamide-based micro-gel particles in a water-based drilling fluid［J］. American Scientific Publishers, 2020, 10: 657-662.

［7］王刚，樊洪海，刘晨超，等.新型高强度承压堵漏吸水膨胀树脂研发与应用［J］.特种油气藏，2019，26（2）：147-151.

［8］王刚，李万军，刘鑫，等.阿克纠宾高研磨性地层钻井提速关键技术［J］.石油机械，2018，46（9）：37-40+68.

［9］罗淮东，景宁，石李保，等.乍得潜山钻井配套技术研究与应用［J］.石油机械，2017，45（5）：42-46.

［10］Tianjin, Zhang, Xiangji, Kong, Feng Qian. Evaluation of the Selection of Casing and Tubing Size in a Foreign Oil Field. Chemistry and Technology of Fuels and Oils, 2017, 53（5）, 794-800.

［11］Gang Yu, Kun Ning, Jinsong Tang, et al. Optimization Selection of Bit and Application Research on PDC+Motor Combination Drilling Technique in the Desert Oilfield. IOP Conference Series：Earth and Environmental Science, 2019, 310, 022016.

［12］孙荣华，赵冰冰，王波，等.尼日尔Agadem油田井壁稳定技术对策［J］.长江大学学报（自然科学版），2019，16（6）：24-29.

［13］刘珊珊.氯化钾硅酸盐在尼日尔Agadem油田的应用与研究［J］.石化技术，2018，25（6）：118.

［14］王双威，张洁，周世英，等.尼日尔油田储层保护钻井液技术研究［J］.科学技术与工程，2015，15（3）：204-207+211.

［15］聂朝民，熊正祥，李玉英，等.尼日尔Agadem区块油气成藏模式的认识［J］.录井工程，2013，24（3）：81-83+87+99-100.

［16］付吉林，孙志华，刘康宁.尼日尔Agadem区块古近系层序地层及沉积体系研究［J］.地学前缘，2012，19（1）：58-67.